福建省 VR/AR 行业职业教育指导委员会推荐
中国·福建 VR 产业基地产教融合系列教材

Unreal Engine 4
虚幻引擎

主 编 吴 静 陈 榆 陈 龙

北京理工大学出版社
BEIJING INSTITUTE OF TECHNOLOGY PRESS

内 容 简 介

本教材内容兼具目前市面上较为少见的虚幻引擎项目制作流程，技术基础与实践相结合，教材内容具有较强针对性，内容包括 12 章：初识 Unreal Engine 4、Unreal Engine 材质系统、Unreal Engine 光照系统、样板间灯光效果实战、《雪顶密林》项目案例解析、Unreal Engine 4 初识蓝图、蓝图基础、蓝图流程控制、VR 室内样板间交互功能、VR 室外场景交互功能、开发项目转换为 VR 模式以及项目打包输出。本书在内容设计上通过章节划分小节分别阐述，主要章节内容阐述后，均有配套设计与实践案例解析，做到理论结合实际，更好地学习菜单、命令等内容，更加容易理解和消化知识要点和重点。

版权专有　侵权必究

图书在版编目（CIP）数据

Unreal Engine 4 虚幻引擎／吴静，陈榆，陈龙主编
． ーー北京：北京理工大学出版社，2021.10（2023.8 重印）
　　ISBN 978－7－5682－9021－0

Ⅰ．①U… Ⅱ．①吴… ②陈… ③陈… Ⅲ．①虚拟现实—程序设计 Ⅳ．①TP391.98

中国版本图书馆 CIP 数据核字（2020）第 170825 号

出版发行 ／	北京理工大学出版社有限责任公司
社　　址 ／	北京市海淀区中关村南大街 5 号
邮　　编 ／	100081
电　　话 ／	（010）68914775（总编室）
	（010）82562903（教材售后服务热线）
	（010）68944723（其他图书服务热线）
网　　址 ／	http：//www.bitpress.com.cn
经　　销 ／	全国各地新华书店
印　　刷 ／	北京地大彩印有限公司
开　　本 ／	889 毫米×1194 毫米　1/16
印　　张 ／	11.5
字　　数 ／	398 千字
版　　次 ／	2021 年 10 月第 1 版　2023 年 8 月第 3 次印刷
定　　价 ／	65.00 元

责任编辑 ／ 王玲玲
文案编辑 ／ 王玲玲
责任校对 ／ 刘亚男
责任印制 ／ 施胜娟

图书出现印装质量问题，请拨打售后服务热线，本社负责调换

福建省 VR/AR 行业职业教育指导委员会

主　　任：俞　飚　　网龙网络公司高级副总裁、福州软件职业技术学院董事长
副 主 任：俞发仁　　福州软件职业技术学院常务副院长
秘 书 长：王秋宏　　福州软件职业技术学院副院长
副秘书长：陈媛清　　福州软件职业技术学院鉴定站副站长
　　　　　林财华　　网龙普天教育副总经理
　　　　　欧阳周舟　网龙普天教育运营总监
委　　员：（排名不分先后）
　　　　　胡红玲　　福建第二轻工业学校
　　　　　张文峰　　北京理工大学出版社
　　　　　刘善清　　北京理工大学出版社
　　　　　倪　红　　福建船政交通职业学院
　　　　　陈常晖　　福建船政交通职业学院
　　　　　许　芹　　福建第二轻工业学校
　　　　　刘天星　　福建工贸学校
　　　　　胡晓云　　福建工业学校
　　　　　黄　河　　福建工业学校
　　　　　陈晓峰　　福建经济学校
　　　　　戴健斌　　福建经济学校
　　　　　吴国立　　福建理工学校
　　　　　李肇峰　　福建林业职业学院
　　　　　蔡尊煌　　福建林业职业学院
　　　　　杨自绍　　福建林业职业学院
　　　　　刘必健　　福建农业职业技术学院
　　　　　鲍永芳　　福建省动漫游戏行业协会秘书长
　　　　　刘贵德　　福建省晋江职业中专学校
　　　　　沈庆焉　　福建省罗源县高级职业中学
　　　　　杨俊明　　福建省莆田职业技术学校
　　　　　陈智敏　　福建省莆田职业技术学校
　　　　　杨萍萍　　福建省软件行业协会秘书长
　　　　　张平优　　福建省三明职业中专学校
　　　　　朱旭彤　　福建省三明职业中专学校
　　　　　蔡　毅　　福建省网龙普天教育科技有限公司
　　　　　陈　健　　福建省网龙普天教育科技有限公司
　　　　　郑志勇　　福建水利电力职业技术学院
　　　　　李　锦　　福建铁路机电学校
　　　　　刘向晖　　福建信息职业技术学院
　　　　　林道贵　　福建信息职业技术学院
　　　　　刘建炜　　福建幼儿师范高等专科学校
　　　　　李　芳　　福州机电工程职业技术学校
　　　　　杨　松　　福州旅游职业中专学校
　　　　　胡长生　　福州软件职业技术学院
　　　　　陈垚鑫　　福州软件职业技术学院
　　　　　方张龙　　福州商贸职业中专学校
　　　　　蔡洪亮　　福州商贸职业中专学校
　　　　　林文强　　福州商贸职业中专学校
　　　　　郑元芳　　福州商贸职业中专学校
　　　　　吴梨梨　　福州英华职业学院

饶绪黎	福州职业技术学院
江　荔	福州职业技术学院
刘　薇	福州职业技术学院
孙小丹	福州职业技术学院
王　超	集美工业学校
张剑华	集美工业学校
江　涛	建瓯职业中专学校
吴德生	晋江安海职业中专学校
叶子良	晋江华侨职业中专学校
黄炳忠	晋江市晋兴职业中专学校
许　睿	晋江市晋兴职业中专学校
庄碧蓉	黎明职业大学
陈　磊	黎明职业大学
骆方舟	黎明职业大学
张清忠	黎明职业大学
吴云轩	黎明职业大学
范瑜艳	罗源县高级职业中学
谢金达	湄洲湾职业技术学院
李瑞兴	闽江师范高等专科学校
陈淑玲	闽西职业技术学院
胡海锋	闽西职业技术学院
黄斯钦	南安工业学校
陈开宠	南安职业中专学校
鄢勇坚	南平机电职业学校
余　翔	南平市农业学校
苏　锋	宁德职业技术学院
林世平	宁德职业技术学院
蔡建华	莆田华侨职业中专学校
魏美香	泉州纺织服装职业学院
林振忠	泉州工艺美术职业学院
程艳艳	泉州经贸学院
庄刚波	泉州轻工职业学院
李晋源	泉州市泉中职业中专学校
卢照雄	三明市农业学校
练永华	三明医学科技职业学院
曲阜贵	厦门布塔信息技术股份有限公司艺术总监
吴承佳	厦门城市职业学院
黄　臻	厦门城市职业学院
张文胜	厦门工商旅游学校
连元宏	厦门软件学院
黄梅香	厦门信息学校
刘　斯	厦门信息学校
张宝胜	厦门兴才职业技术学院
李敏勇	厦门兴才职业技术学院
黄宜鑫	上杭职业中专学校
黄乘风	神舟数码（中国）有限公司福州分公司总监
曾清强	石狮鹏山工贸学校
杜振乐	石狮鹏山工贸学校
孙玉珍	漳州城市职业学院
蔡少伟	漳州第二职业中专学校
余佩芳	漳州第一职业中专学校
伍乐生	漳州职业技术学院
谢木进	周宁职业中专学校

编 委 会

主　任：俞发仁

副主任：林土水　李榕玲　蔡　毅

委　员：李宏达　刘必健　丁长峰　李瑞兴　练永华
　　　　　江　荔　刘健炜　吴云轩　林振忠　蔡尊煌
　　　　　黄　臻　郑东生　李展宗　谢金达　苏　峰
　　　　　徐　颖　吴建美　陈　健　马晓燕　田明月
　　　　　陈　榆　曹　纯　黄　炜　李燕城　张师强
　　　　　叶昕之

Preface
Unreal Engine 4 虚幻引擎

前 言

　　虚拟现实（Virtual Reality，VR）是近年来十分活跃的技术研究领域。目前，其应用已广泛涉及军事、教育培训、工程设计、商业、医学、影视、艺术、娱乐等众多领域，并带来了巨大的经济效益。随着 VR 技术的兴起，VR 成为最有前景和最佳的交互体验式的显示方式。VR 技术已经开始逐步进入人们的生活中，目前多家大型硬件生产商开始升级其旗下的 VR/AR 的应用分发平台，如 Apple 的 ARKit、Google 的 ARCore 等。

　　虚幻引擎是一套完整的创新、设计工具，能够满足艺术家的愿景，同时，也具备足够的灵活性，可以满足不同的开发团队需求。作为一个成熟的、业内领先的引擎，虚幻引擎功能强大，值得信赖。为了创作出真实可信的沉浸式内容，AR、VR 和混合现实内容要求以极高的帧数渲染复杂场景。由于虚幻引擎正是为高端应用——如 3A 级游戏、电影制作及逼真的可视化应用——而设计的，它完全能够满足以上要求并为其提供坚实基础。性能强大、久经考验、全球领先的知名品牌都坚持选择虚幻引擎来让自己的故事更加栩栩如生。

虚幻引擎作为一套完整的创新设计型工具，具备足够的灵活性。

首先是光影效果，即场景中的光源对处于其中的人和物的影响方式。游戏的光影效果完全是由引擎控制的，折射、反射等基本的光学原理及动态光源、彩色光源等高级效果，都是通过引擎的不同编程技术实现的。

其次是动画，游戏所采用的动画系统可以分为两种：一是骨骼动画系统，二是模型动画系统。

引擎的另一重要功能是提供物理系统，这可以使物体的运动遵循固定的规律，子弹的飞行轨迹、车辆的颠簸方式都是由物理系统决定的。

碰撞探测是物理系统的核心部分，它可以探测游戏中各物体的物理边缘。当两个3D物体撞在一起时，这种技术可以防止它们相互穿过，这就确保了当撞在墙上的时候，不会穿墙而过。

渲染是引擎最重要的功能之一，当3D模型制作完毕之后，美工会按照不同的面把材质贴图赋予模型，这相当于为骨骼蒙上皮肤，最后再通过渲染引擎把模型、动画、光影、特效等所有效果实时计算出来并展示在屏幕上。渲染引擎在引擎的所有部件中是最复杂的，它的强大与否直接决定着最终的输出质量。

本教材具有较强的针对性，教材内容兼具目前市面上较为少见的虚幻引擎项目制作流程，技术基础与实践相结合，内容包括：第1章初识 Unreal Engine 4、第2章 Unreal Engine 材质系统、第3章 Unreal Engine 光照系统、第4章样板间灯光效果实战、第5章《雪顶密林》项目案例解析、第6章 UE4 初识蓝图、第7章蓝图基础、第8章蓝图流程控制、第9章 VR 室内样板间交互功能、第10章 VR 室外场景交互功能、第11章开发项目转换为 VR 模式、第12章项目打包输出。

在内容设计上，通过章节划分小节分别阐述，每个章节内容阐述后，均有配套设计与实践案例解析，做到理论结合实际，更好地学习菜单、命令等内容，更加容易理解和消化知识要点和重点。理论结合设计实践，实现无缝对接，更直观理解与感悟知识点，达到学习的目的。

本教材编写过程中参考了许多国内外专家学者的优秀著作及文献，得到了福建省 VR/AR 行业职业教育指导委员会的大力支持，在此一并表示感谢。

由于编者水平有限，教材中难免有所不足，欢迎广大读者批评指正！

编 者

Contents
Unreal Engine 4虚幻引擎

目 录

第1章　初识 Unreal Engine 4

※ 1.1　Unreal Engine 4 概述　/ 002
　　1.1.1　虚幻引擎发展历史　/ 002
　　1.1.2　虚幻引擎的运用　/ 002
※ 1.2　Unreal Engine 4 下载与安装　/ 002
　　1.2.1　虚幻引擎社区　/ 002
　　1.2.2　虚幻引擎下载　/ 003
※ 1.3　Unreal Engine 4 新建项目　/ 004
※ 1.4　Unreal Engine 4 编辑界面及基础操作　/ 005
　　1.4.1　编辑器界面　/ 005
　　1.4.2　基础操作　/ 007
※ 1.5　文件的导入　/ 008

第2章　Unreal Engine 材质系统

※ 2.1　材质系统概述　/ 010
　　2.1.1　基本材质概念　/ 010
　　2.1.2　纹理　/ 011
　　2.1.3　属性输入　/ 011
※ 2.2　材质编辑器　/ 017
　　2.2.1　材质编辑器 UI 的组成　/ 017
　　2.2.2　材质编辑器的快捷键　/ 019
※ 2.3　金属材质　/ 020
　　2.3.1　生活中的金属材质　/ 020
　　2.3.2　金属材质的制作　/ 020
※ 2.4　木纹材质　/ 023
　　2.4.1　生活中的木纹材质　/ 023
　　2.4.2　木纹材质的制作　/ 023

第 3 章　Unreal Engine 光照系统

※ 3.1　渲染概述　/ 028
　　3.1.1　渲染解析　/ 028
　　3.1.2　光照特性　/ 028

※ 3.2　光照系统概述　/ 029
　　3.2.1　放置光源　/ 029
　　3.2.2　全局光照　/ 030
　　3.2.3　光源的移动性　/ 031

※ 3.3　定向光源　/ 034
　　3.3.1　光源性质　/ 034
　　3.3.2　光源属性　/ 034

※ 3.4　点光源　/ 035
　　3.4.1　光源性质　/ 035
　　3.4.2　光源属性　/ 036

※ 3.5　聚光源　/ 037
　　3.5.1　光源性质　/ 037
　　3.5.2　光源属性　/ 038

※ 3.6　天空光源　/ 038
　　3.6.1　光源性质　/ 038
　　3.6.2　光源属性　/ 039

第 4 章　样板间灯光效果实战

※ 4.1　室内模型的导入　/ 042
　　4.1.1　2 套 UV 的展开　/ 042
　　4.1.2　模型的导入　/ 042

※ 4.2　漏光与补光　/ 042
　　4.2.1　模型漏光　/ 042
　　4.2.2　补光　/ 043

※ 4.3　光照的构建　/ 043
　　4.3.1　室外光线　/ 043
　　4.3.2　室内光线　/ 044
　　4.3.3　光照构建　/ 044
　　4.3.4　光照质量　/ 045
　　4.3.5　光照反射　/ 045

※ 4.4　阴影分辨率的调整　/ 046
　　4.4.1　阴影的错误　/ 046
　　4.4.2　光照分辨率　/ 046

※ 4.5　后处理体积　/ 047
　　4.5.1　后处理体积简介　/ 047
　　4.5.2　颜色分级　/ 047
　　4.5.3　色调映射　/ 048

4.5.4 人眼适应 / 050
4.5.5 镜头眩光 / 050
4.5.6 泛光 / 051
4.5.7 泛光尘土蒙版 / 051
4.5.8 景深 / 052

第 5 章 《雪顶密林》项目案例解析

※ 5.1 准备工作 / 056
    5.1.1 场景大小 / 056
    5.1.2 场景风格 / 056
    5.1.3 确定模型 / 056
    5.1.4 场景规划 / 056

※ 5.2 地形编辑器的介绍与使用 / 056
    5.2.1 地形的创建 / 056
    5.2.2 资源包导入 / 057
    5.2.3 地形工具 / 057

※ 5.3 地形实践 / 058
※ 5.4 场景素材整理 / 060
※ 5.5 植被刷工具 / 062
※ 5.6 场景的光照 / 063
    5.6.1 添加光照 / 063
    5.6.2 光照构建 / 064

※ 5.7 场景氛围的调整 / 066
    5.7.1 雾特效 / 066
    5.7.2 粒子特效 / 067

第 6 章 UE4 初识蓝图

※ 6.1 蓝图概述 / 070
※ 6.2 蓝图节点 / 070
※ 6.3 关卡蓝图编辑器 / 079
※ 6.4 蓝图编辑器 / 081
※ 6.5 Visual Studio 的安装 / 099

第 7 章 蓝图基础

※ 7.1 UE4 第三人称小白人控制的获取 / 102
※ 7.2 事件触发与键盘触发 / 105
※ 7.3 蓝图变量 / 106
※ 7.4 时间轴节点 / 114
※ 7.5 键盘快捷键蓝图节点 / 120

第 8 章　蓝图流程控制

- ※ 8.1　蓝图数组　/ 124
- ※ 8.2　Actor 空间变换　/ 128
- ※ 8.3　蓝图之间通信　/ 131
- ※ 8.4　自定义事件　/ 136

第 9 章　VR 室内样板间交互功能

- ※ 9.1　开关灯交互功能　/ 140
- ※ 9.2　开关门交互功能　/ 143
- ※ 9.3　多媒体播放器播放功能　/ 149

第 10 章　VR 室外场景交互功能

- ※ 10.1　昼夜变换交互功能　/ 158
- ※ 10.2　定点位置瞬移交互功能　/ 160

第 11 章　开发项目转换为 VR 模式

- ※ 11.1　SteamVR 手柄文件导入　/ 164
- ※ 11.2　HTC – VIVE 手柄按键控制功能　/ 167

第 12 章　项目打包输出

第 1 章
初识 Unreal Engine 4

Unreal Engine 4，简称为 UE4，中文译为虚幻引擎 4。作为一套完整的创新设计型工具，其具备足够的灵活性；作为一个成熟的、业内领先的引擎，其功能强大。

虚幻引擎及其实时交互和渲染功能非常适用于跨所有企业应用的大量项目，包括汽车、航空、建筑、消费电子产品和复杂数据可视化。

※ 1.1 Unreal Engine 4 概述

1.1.1 虚幻引擎发展历史

第一代虚幻游戏引擎，于 1998 年由 Epic Games 公司发行。Epic Games 公司为适应游戏编程的特殊性需要而专门为虚幻系列游戏引擎创建了 UnrealScript 编程语言，该语言让游戏引擎变得容易、方便，因而虚幻游戏引擎开始名声大噪。

2002 年，Epic Games 发布了 Unreal Engine 2，能够对物体的属性进行实时修改，也支持当时的次时代游戏机，如 PlayStation 2、Xbox 等。

2006 年，Epic Games 发布了 Unreal Engine 3，同时，Unreal Engine 3 又发布了一个极其重要的特性——Kismet 可视化脚本工具。Kismet 的工作方式是将各种节点连接成一个逻辑流程图，使用 Kismet 不需要掌握任何编程知识，不需要写任何代码就可以开发一个完整的游戏。

2014 年 5 月 19 日，Epic Games 已发布了 Unreal Engine 4，其使用 C++ 语言代替 UnrealScript 语言来开发游戏，不仅如此，游戏引擎的源代码已经可以从 Github 开源社区下载，这意味着开发者对游戏引擎有着绝对的控制权，可以修改任何东西，包括物理引擎、渲染和图形用户界面。同时，Unreal Engine 4 的跨平台性可以支持 Xbox One、PlayStation 4（包括索尼的 Project Morpheus 虚拟现实设备）、Windows PC、Linux、Mac OS X、HTML 5、iOS 和安卓等。

1.1.2 虚幻引擎的运用

虚幻引擎已经成为整个业界运用范围最广、整体运行程度最高、次世代画面标准最高的一款引擎，图 1-1~图 1-4 所示都是基于虚幻引擎开发的大作代表。在游戏方面，除了《虚幻竞技场 3》外，还包括《绝地求生》《堡垒之夜》《战争机器》《质量效应》《生化奇兵》等。在美国和欧洲，虚幻引擎主要用于主机游戏的开发；在亚洲，被中韩众多知名游戏开发商购买。其主要用于次世代网游的开发，如《剑灵》《Tera》《战地之王》《一舞成名》等，iPhone 上的游戏有《无尽之剑》《蝙蝠侠》等。

图 1-1 汽车行业

图 1-2 单机游戏

图 1-3 网络游戏

图 1-4 植物生态

除此之外，虚幻引擎在其他工业设计领域也取得了很大的成功，逼真的渲染和强大的功能成为许多企业的宣传首选。

※ 1.2 Unreal Engine 4 下载与安装

1.2.1 虚幻引擎社区

Unreal Engine 4 可以通过登录官方网站下载安装，

Unreal Engine 4 官方网站下载安装文件地址为 https://www.unrealengine.com。

登录网站后，单击网页右上方的"下载"按钮即可下载，如图 1-5 所示。

1.2.2 虚幻引擎下载

单击后，如果没有注册 Unreal Engine 社区账户，如图 1-6 所示，则会提醒用户在线创建 Epic 账户进行注册，以获得免费使用 Unreal Engine 的权利。注册登录后，会提示选择相应需要下载的系统版本。

下载完成后，安装 Epic Installer，可以通过虚幻商城（图 1-7）来购买所需要的资源素材，也可以上传售卖或分享自己的资源。社区提供了虚幻引擎的最新资讯和交流沟通的渠道。通过学习版块可以找到相应的文档支持和视频案例教学。

在 Unreal Engine 也有专门的学习社区，如图 1-8 所示，可以在此版块中交流学习经验与心得。

图 1-5　官网界面

图 1-6　社区界面

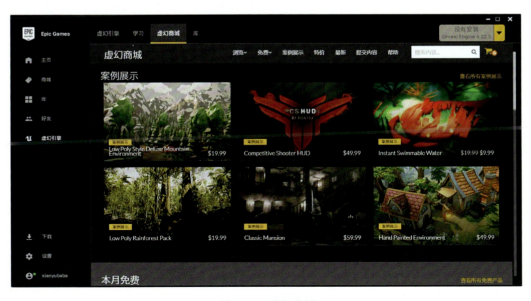

图 1-7　虚幻商城

图1-8 学习社区

单击"库",进入库存内容,如图1-9所示,可以查看当前引擎的版本,并提供了下载服务。可以在线下载引擎进行使用。

可以不通过启动 Epic Games Launcher 而直接打开 Unreal Engine,并把引擎安装在 D 盘,具体方法如下:

①找到桌面的 Epic Games Launcher 图标,右击,选择"属性",在"快捷方式"选项卡中复制起始位置(D:\Epic\Games)。

②打开"我的电脑",在地址栏粘贴刚才复制的地址路径,按 Enter 键确认。

③在搜索到的文件夹下找到相应要激活打开的 Unreal Engine 版本图标。以虚幻引 4.22.3 版本为例(D:\NProfessional\Epic Games\UE 4.22\Engine\Binaries\Win64\UE4Editorexe),如果想以后在桌面直接找到 4.22 版本软件,可将 UE4Editor.exe 图标发送到桌面快捷方式。

图1-9 库存内容

※ 1.3 Unreal Engine 4 新建项目

启动 Epie Game Launcher,选择"库",下方显示引擎版本,即当前使用电脑已安装的 Unreal Engine 各版本,如图1-10所示。在右上方选择要启动的引擎版本。

选择启动 Unreal Engine 4.23 版本软件,其中"Projects"面板为已创建的文件;"New Project"面板为即将创建的工程文件,新创建的工程文件分为"Blueprint"(蓝图,通过可视化的脚本进行开发)和"C++"(从零开始,通过 C++程序进行项目开发)两种开发模式,如图1-11所示。

图 1-10 引擎版本

以 Blueprint 创建方式为例,其中既有空模板,也有已经按照不同使用需求创建好的模板方式(如第一人称、飞行等方式),在此创建第三人称(Third Person)模式。

接下来选择存储路径与工程文件名称。注意,名称之间不能有空格符号、特殊符号,否则无法创建。单击"Create Project"按钮即可。如果要挪动项目文件,就可以搜索此路径,接着给项目命名,使用英文或者拼音,尽量不使用中文字符,否则可能会有错误。

图 1-11 初始界面

※ 1.4 Unreal Engine 4 编辑界面及基础操作

1.4.1 编辑器界面

单击"Create Project"按钮后,进入 Unreal Engine 4 关卡编辑窗口(由多个面板构成),该窗口称为关卡编辑器。在 UE4 中设计 3D 场景的空间称为关卡,进行关卡编辑的窗口称为关卡编辑器。

以上启动了 Unreal Engine,现在简单了解一下关卡编辑器中出现的各功能面板,具体如图 1-12 所示。

图 1-12 所示为 UE4 引擎界面的布局。

①菜单栏,包含文件的打开与保存等功能。

②工具栏,包含常用工具如保存、蓝图、构建、播放等。

图 1-12 编辑器界面

③模式栏,主要有四种模式:放置模式、描画模式、地貌模式、植被模式。

④内容浏览器,文件的存放和查找主要通过这个浏览器进行。

⑤主视口,用于在场景关卡中操作和即时演算。

⑥世界大纲,所有在场景关卡中存在的物体都会在世界大纲中显示,可以用文件夹对世界大纲的物体进行整理、搜索和使用。

⑦细节属性栏,用于修改物体的细节属性和参数调整。

在 UE4 引擎中,使用到多种不同类型的文件,如图 1-13 所示。认识不同文件的图标能够快速熟悉引擎中的文件类型,并帮助进行文件分类。内容文件夹是工程文件的主文件夹,所有和本项工程项目相关的系统文件全数罗列在内容文件夹内,分别命名为不同的名称,类似于在计算机文件夹内创建小文件夹。

图 1-13 内容浏览器

每一种文件夹对应不同的文件类型,做好梳理,以便查找和使用,如图 1-14 和图 1-15 所示。

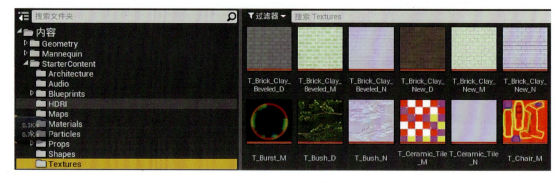

图 1-14 贴图文件

在 UE4 中,文件夹命名不能出现中文字符,否则,在工程文件打包输出时可能造成错误,所以命名全部使用英文或者拼音的形式。不只是文件夹,导入的所有项目文件全部改成英文和拼音的形式。

过滤器可以帮助筛选需要的文件类型,如图 1-16 所示。选定一个文件夹,就可以用过滤器筛选此文件夹中的文件类型。

图 1－15　材质文件

图 1－16　过滤器

例如，单击"内容"文件夹，接着单击"过滤器"，选中"关卡"，就可以筛选内容文件夹中的所有关卡文件。

1.4.2　基础操作

在主视口中，使用鼠标右键＋W、S、A、D 对应视角方向的前、后、左、右；使鼠标右键＋Q、E 对应视角方向的上、下。

需要选择物体时，通过鼠标左键单击来选中它，同时，按住 Ctrl 键并用鼠标左键单击可以选中多个物体。单击物体后，通过 W、E、R 三个键位可以实现物体的移动、旋转和缩放，如图 1－17 所示。

如果需要复制物体，移动物体并按住 Alt 键，即可实现。

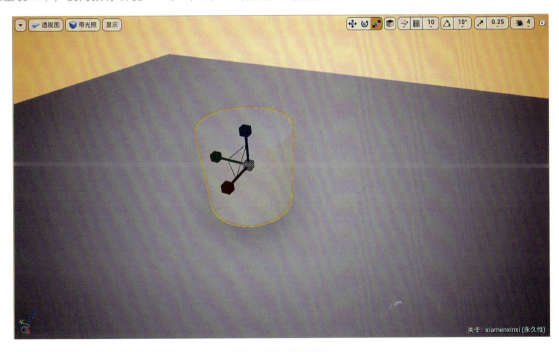

图 1－17　基础操作

※ 1.5 文件的导入

在"内容"文件下创建子文件夹,然后将要导入的文件拖曳进在 UE4 中创建的文件内,也可以使用内容文件夹上的"导入"按钮,此时会提示导入具体选项,如图 1-18 所示。根据需求选择好选项之后,单击"导入所有"按钮。

导入好文件后,可以在文件夹中将物体拉入视口主界面进行应用。当然,在使用之前,最好对模型文件、材质文件和贴图文件进行分类。

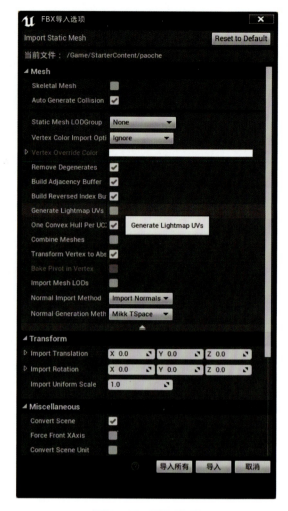

图 1-18 导入选项

第 2 章
Unreal Engine 材质系统

学习目标：

★ 了解材质系统。
★ 掌握材质的属性输入。
★ 掌握不同材质节点的使用方式。
★ 熟悉材质案例的制作。

材质是可以应用到网格物体上的资源，用它可控制场景的可视外观。从较高的层面上来说，可能最简单的方法就是把材质视为应用到一个物体的"描画"。但这种说法也会产生误导，因为材质实际上定义了组成该物体所用的表面类型。可以定义它的颜色、光泽度及能否看穿该物体等。

用更为专业的术语来说，当穿过场景的光照接触到表面后，材质被用来计算该光照如何与该表面进行互动。这些计算是通过对材质输入数据来完成的，而这些输入数据来自一系列图像（贴图）及数学表达式，以及材质本身所继承的不同属性设置。

材质是让对象和关卡具有想要的外观的关键因素之一。本章介绍一种快速且高级别的方法来创建自己的材质。

2.1 材质系统概述

2.1.1 基本材质概念

1. 材质表达式节点

关于材质，需要知道的第一件也是最重要的事情就是，它们并非通过代码，而是通过材质编辑器中的可视化脚本节点（称为材质表达式）所组成的网络来构建的。每一个节点都包含代码片段，并用于执行特定的任务，如图 2-1 所示。这意味着在构建材质时，是通过可视化脚本编程来创建代码的。

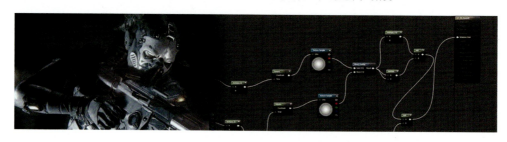

图 2-1　材质网络图

2. 颜色和数字

有一个非常简单的网络，它用来定义硬木地板。然而，材质表达式网络并非如此简单，有些材质经常会包含数十个材质表达式节点。

颜色在数字成像方面，如图 2-2 所示，由 4 个主通道构成，分别是 R—红色、G—绿色、B—蓝色、A—Alpha。

对所有数字图像中的每一个像素而言，其中任何通道的值都可以用一个数字表示。关于材质的许多工作，无非是根据一系列的情况和数学表达式来处理这些数字。

材质使用浮点值来储存颜色信息。这通常意味着每个通道的值范围都是 0.0~1.0，而不像是某些图像编辑应用程序那样使用 0~255。需要注意的是，在任何时候都可以使用超过此范围的值，这在某些情况下会产生特殊的行为。例如，将颜色发送到材质的"自发光"（Emissive）（这将使材质发光）输入时，大于 1.0 的值会增加发光强度，如图 2-3 所示。

图 2-2　数字通道

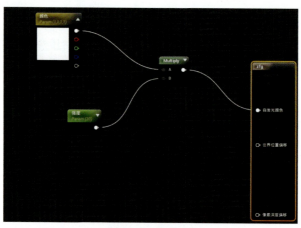

图 2-3　自发光

在 UE4 中考虑材质时，请记住，许多表达式的运作与各个颜色通道无关。对于每个通道，"加法"（Add）节点使用两个输入并将它们相加。如果将 RGB 值（0.35，0.28，0.77）与标量值 1.0 相加，结果如图 2-4 所示。

$$0.35 + 1.0 = 1.35$$
$$0.28 + 1.0 = 1.28$$
$$0.77 + 1.0 = 1.77$$

图 2-4　通道的运算

2.1.2　纹理

对于材质，纹理只是用于提供某种基于像素的数据的图像，如图 2-5 所示。这些数据可能是对象的颜色、光泽度、透明度及各种其他方面。有一种过时的想法，认为添加纹理是给游戏模型上色的过程。虽然创建纹理的过程仍然很关键，但应该将纹理看作材质的"元件"，而不是将它们本身视为最终成品，这一点很重要。

图 2-5　山地纹理

一个单一材质有可能用到几个不同的纹理贴图作为不同的目的效果。比如，一个简单的材质可能会有一个基础颜色的纹理贴图、一个高光纹理、一个法线贴图。除此以外，还有可能有保存在透明通道中的自发光贴图及粗糙度贴图，如图 2-6 所示。

可以发现，虽然这些可能都同时存在于一个贴图的布局中，但纹理贴图中的不同的颜色被用于不同的目的。

图 2-6　纹理贴图

纹理一旦创建并导入虚幻引擎，就会通过特殊的材质表达式节点（例如纹理（Texture Sample）节点）引入材质中。可以在图 2-6 所示的纹理贴图示例中看到这些内容。这些节点引用纹理资产，该资产存在于材质外部，可以在内容浏览器中单独找到。与某些 3D 应用程序不同，材质无法包含它自己的纹理。

2.1.3　属性输入

在这里，将了解一下制作材质时可用的输入属性。通过向这些属性输入值（通常是常量、参数和纹理），可以定义所能想象的任何物理表面，如图 2-7 所示。

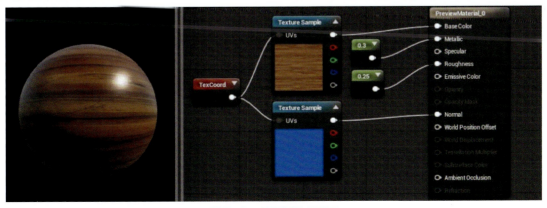

图 2-7　材质属性的输入

并非所有的输入都可以与混合模式（Blend Mode）和着色模型（Shading Model）的每个组合一起使用，因此，将指定每个输入可供使用的时间，以便知道创建的每种类型的材质使用了哪些输入。

1. 底色

底色（Base Color）定义材质的整体颜色。它接收Vector3（RGB）值，并且每个通道都自动限制在0与1之间，如图2-8所示。

2. 金属感

金属色（Metallic）输入实际控制表面在多大程度上"像金属"。非金属的金属色值为0，金属的金属色值为1。对于纯表面，例如纯金属、纯石头、纯塑料等，此值将是0或1，而不是任何介于它们之间的值。创建受腐蚀、落满灰尘或生锈金属之类的混合表面时，可能会发现需要介于0与1之间的值，如图2-9所示。

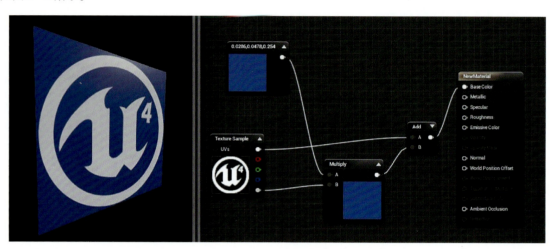

图2-8　底色

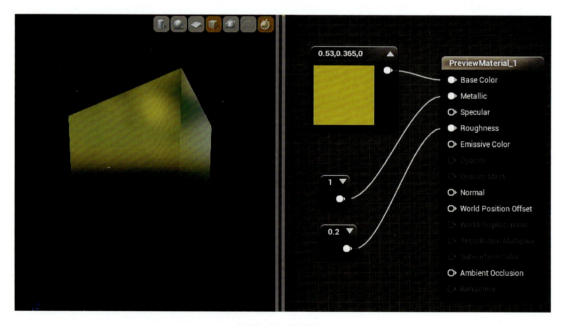

图2-9　金属色

3. 镜面反射

不应连接高光（Specular）输入，在大多数情况下，应将其保留为默认值0.5。

它是介于0与1之间的值，并用于调整非金属表面上的当前镜面反射量。它在金属上没有效果，如图2-10所示。

4. 粗糙度

粗糙度（Roughness）输入实际控制材质的粗糙度。与平滑的材质相比，粗糙的材质将向更多方向散射所反射的光线。可以根据反射的模糊或清晰度或者镜面反射高光的广度或密集度进行确定，如图2-11所示。粗糙度0（平滑）是镜面反射，而粗糙度1（粗糙）是完全无光泽或漫射。

第2章　Unreal Engine材质系统

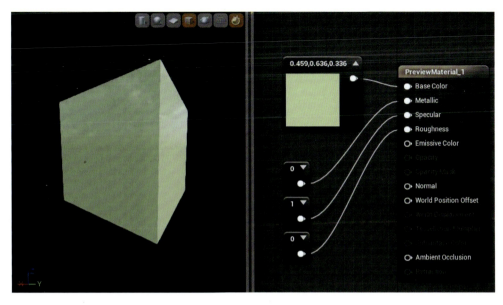

图 2-10　镜面反射

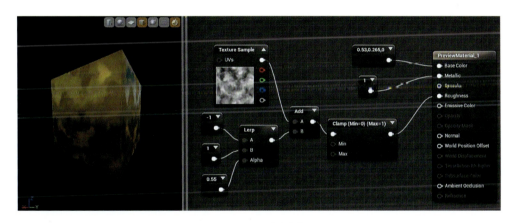

图 2-11　粗糙度

粗糙度是一个属性，它将频繁地在对象上进行贴图，以便向表面添加大部分物理变化。

5. 自发光颜色

由于材质正在发光，所以自发光颜色（Emissive Color）输入控制材质的哪些部分将发光。

由于支持 HDR 照明，所以允许大于 1 的值，如图 2-12 所示。

6. 不透明度

使用半透明混合模式时，会用到不透明度（Opacity）输入。它允许输入 0~1 之间的值，如图 2-13 所示。

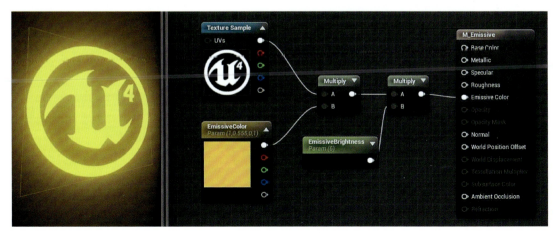

图 2-12　自发光颜色

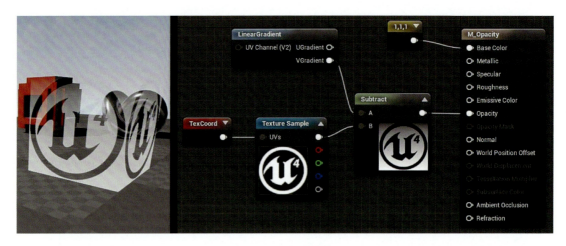

图 2-13 不透明度

其中：

0.0 代表完全透明。

1.0 代表完全不透明。

使用一个次表面着色模型时，不透明遮罩模式也使用不透明度。

7. 不透明遮罩

不透明度遮罩（Opacity Mask）类似于不透明度（Opacity），但仅在使用遮罩混合模式（Masked Blend Mode）时可用。与不透明度一样，它的值在 0.0~1.0 之间，如图 2-14 所示。但与不透明度不同的是，结果中看不到不同深浅的灰色。在遮罩模式下时，材质要么完全可见，要么完全不可见。当需要定义复杂固体表面（如铁丝网、链环围栏等）的材质时，这使它成为一种理想的解决方案。

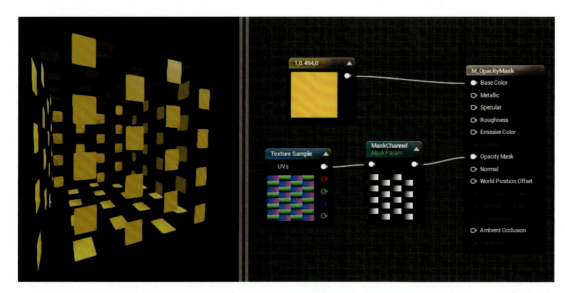

图 2-14 不透明遮罩

8. 法线

法线吸收了光线与阴影信息，后者通过打乱每个单独像素的"法线"或面向方向，为表面提供重要的物理细节，如图 2-15 所示。

在图 2-15 中，两种武器都使用了相同的静态网格体（Static Mesh）。图 2-16 显示了一张非常详细的法线图，它提供了大量的其他细节，并给人一种表面包含比实际呈现的多边形多得多的错觉。这样的法线图通常是

图 2-15 法线效果

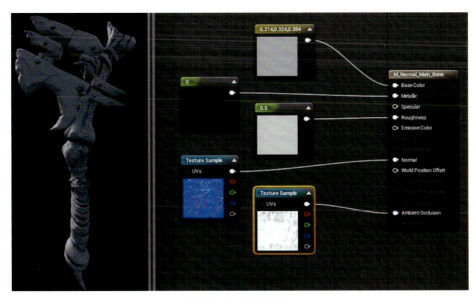

图 2-16　法线用法

从高分辨率建模包创建的，例如 ZBrush。

9. 世界场景位置偏移

世界场景位置偏移（World Position Offset）输入允许网格体的顶点在世界场景空间中由材质操控。这有助于实现使对象移动、改变形状、旋转和各种其他效果，如图 2-17 所示。这对于环境动画等很有用。

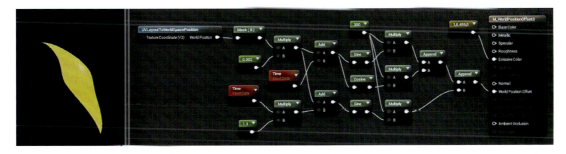

图 2-17　世界场景位置偏移

10. 次表面颜色

次表面颜色（Subsurface Color）只有在着色模型属性设置为次表面（Subsurface）时才会被启用。如图 2-18 所示，此输入允许将一种颜色运用到材质，以模拟光通过表面时颜色的变化。例如，人类角色的皮肤上可能有一种红色的次表面颜色来模拟其表面之下的血液。

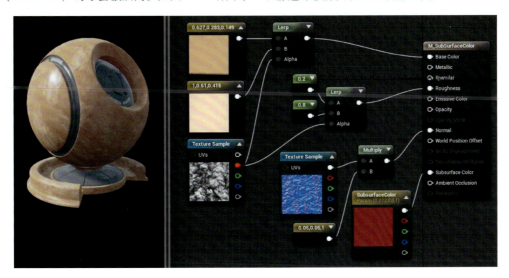

图 2-18　次表面颜色

11. 环境遮挡

环境遮挡用来帮助模拟在表面缝隙中发生的自我遮蔽，如图 2-19 所示。此输入将连接到某种类型的 AO 映射，这种映射通常在 Maya、3ds Max 或 ZBrush 等三维建模包中创建。

12. 折射

折射（Refraction）输入接受一个纹理或数值，该纹理或数值模拟表面的折射率。这对于像玻璃和水这样的物体很有用，这些物体会折射穿过它们的光，如图 2-20 和表 2-1 所示。

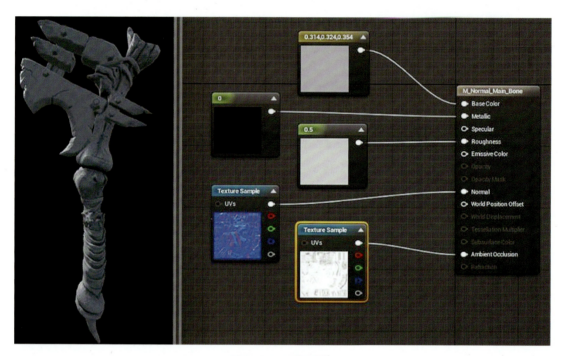

图 2-19　环境遮挡

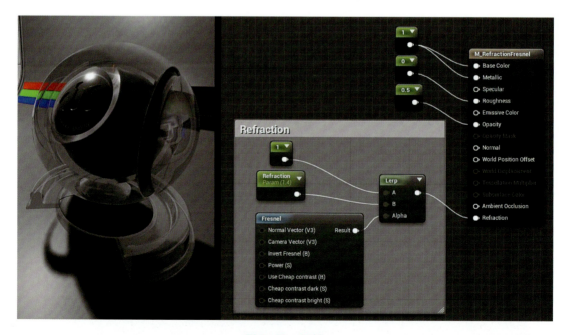

图 2-20　折射

表 2-1 折射率

介质	折射率
空气	1.00
水	1.33
冰	1.31
玻璃	1.52
钻石	2.42

※ 2.2 材质编辑器

2.2.1 材质编辑器 UI 的组成

材质编辑器 UI 由菜单栏、工具栏和默认的四个开启面板组成，如图 2-21 所示。

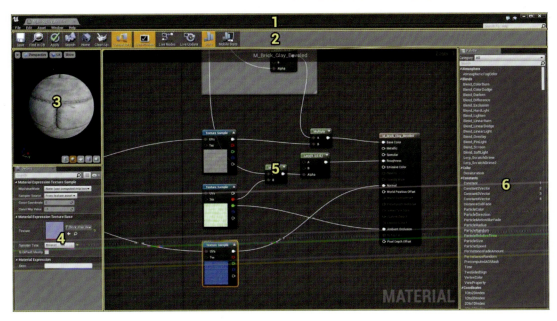

图 2-21 材质编辑器 UI

①菜单栏。列出当前材质的菜单选项。
②工具栏。含有材质使用工具。
③视口面板。预览材质在网格体上的效果。
④细节面板。列出材质、所选材质表现或函数节点的属性。
⑤图表面板。显示创建材质着色器指令的材质表现和函数节点。
⑥调色板面板。列出所有材质表现和函数节点。

1. 菜单栏

①File（文件）。
②Save（保存）。保存当前处理的资源。
③Save All（保存所有）。保存项目中所有未保存的关卡及资源。
④Choose Files to Save（选择要保存的文件）。弹出一个对话框，允许选择想为项目保存的关卡及资源。
⑤Connect To Source Control（连接到源码控制）。弹出一个对话框，允许选择一个虚幻编辑器可以集成的源码控制系统或者同其进行交互。
⑥Edit（编辑）。
⑦Undo（取消）。取消最近的操作。
⑧Redo（重复）。如果最后一次操作是取消操作，则重复执行最近一次取消的操作。
⑨Editor Preferences（编辑器偏好设置）。提供了一个选项列表，单击其中任何一个选项，都会打开"Editor Preferences"的相应部分，在那里可以修改虚幻编辑偏好设置。
⑩Project Settings（项目设置）。提供了一个选项列表，单击其中任何一项，都会打开"Project Settings"窗口的对应部分，在那里可以修改虚幻引擎项目的各种设置。

2. 工具栏（图 2-22）

图 2-22 和表 2-2 列出了工具栏中的选项及它们的功能。

图 2-22 工具栏

表 2-2　工具栏描述

图标	描述
Save	保存当前资源
Find in CB	在内容浏览器中查找并选中当前资源
Apply	应用材质编辑器中对原始材质进行的变更，以及在世界场景中使用该材质
Search	找到当前材质中的表现和注解
Home	在"Graph"面板中使基础材质节点居中
Clean Up	删除未与材质连接的材质节点
Connectors	显示或隐藏未连接的材质节点

3. 视口面板

视口面板显示应用到网格体的正处于编辑状态的材质，如图 2-23 所示。

可使用表 2-3 中的选项在"视口"面板中导航。

表 2-3　视口操作

操作	描述
鼠标左键拖动	旋转网格体
鼠标中键拖动	平移
鼠标右键拖动	缩放
长按 L 键并用鼠标左键拖动	旋转光源方向

4. 细节面板

如图 2-24 所示，此面板包含所有当前选中的材质表现和函数节点。如未选中节点，将显示编辑状态材质的属性。

图 2-24　细节面板

5. 主面板

如图 2-25 所示，主面板包含属于此材质的所有材质表现的图表。每个材质默认包含一个单独基础材质节点。此节点拥有一系列输入，每个都和材质的一个不同方面（其他材质节点可进行连接）相关。

图 2-23　观察视口

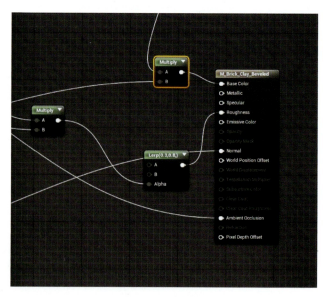

图 2-25　主面板

6. 控制板

如图2-26所示，控制板包含可通过"拖放"操作放置到材质中的材质节点列表。如需放置一个新的材质节点，将其拖入主面板即可。

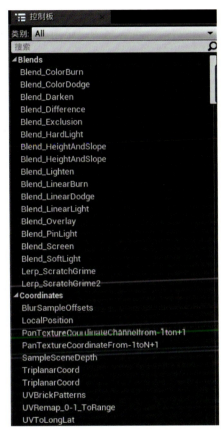

图 2-26 控制板

7. Stats 面板

如图2-27所示，此面板显示材质中使用的着色器指令数量和编译器错误。指令数越少，材质的开销越低。未和基础材质节点连接的材质表现节点不计入材质的指令数（开销）。

图 2-27 Stats 面板

2.2.2 材质编辑器的快捷键

材质编辑器中的功能键通常都有很多快捷形式，见表2-4。

表 2-4 材质编辑器快捷键

功能键	操作
在背景上拖动鼠标左键或右键	平移材质表现图表
旋转鼠标滚轮	界面放大缩小
鼠标左键加右键拖动	界面放大缩小
在对象上按下鼠标左键	选择表现/注释
在对象上按下 Ctrl + 鼠标左键	切换选择表现/注释
Ctrl + 鼠标左键拖动	移动当前选择/注释
Ctrl + Alt + Shift + 鼠标左键拖动	框选（添加到当前选择）
在接头引脚上拖动鼠标左键	创建连接（在接头上松开）
在连接处拖动鼠标左键	移动连接（在同类接头上松开）
在接头上按 Shift + 鼠标左键双击	标记接头。在已标记的接头上再次执行此操作，将在两个接头之间建立连接。通过此法可快速创建长距离连接
在背景上按下鼠标右键	弹出"New Expression"菜单
在对象上按下鼠标右键	弹出"Object"菜单
在接头引脚上按下鼠标右键	弹出"Object"菜单
在接头上按下 Alt + 鼠标左键	断开到接头的所有连接

键盘功能键见表2-5。

表 2-5 键盘功能键

功能键	操作
Ctrl + B	在"Content Browser"中进行寻找
Ctrl + C	复制选中的表现
Ctrl + S	全部保存
Ctrl + V	粘贴
Ctrl + W	生成选中对象的副本
Ctrl + Y	重做
Ctrl + Z	撤销
Delete	删除选中的对象
Space	强制更新所有材质表现预览
Enter	（和单击应用相同）

快捷键见表2-6。

表 2-6 快捷键

快捷键	表现
A	Add
B	BumpOffset
C	Comment
D	Divide
E	Power
F	MaterialFunctionCall
I	If
L	LinearInterpolate
M	Multiply
N	Normalize
O	OneMinus
P	Panner
R	ReflectionVector
S	ScalarParameter
T	TextureSample
U	TexCoord
V	VectorParameter
1	Constant
2	Constant2Vector
3	Constant3Vector
4	Constant4Vector
Shift + C	ComponentMask

※ 2.3 金属材质

在 UE4 的项目制作中，材质贴图直接决定了整个项目的呈现好坏。由于资源限制，有些模型的面数无法达到期待值，这也就意味着需要通过合理地处理材质贴图部分进行弥补，从而达到令人满意的效果。

2.3.1 生活中的金属材质

金属材质是日常生活中见过的最多的材质之一，包括简单的镀铬金属、有色金属、磨损金属、锈迹的金属等，如图 2-28 所示。通过对贴图的处理，可以将上述材质一一实现，从而使模型更加趋近于现实，下面将对金属贴图的处理进行详细的讲解。

图 2-28 生活中的金属

在这部分的讲解中，将对 UE4 中的材质贴图部分做详细的说明。会遵循由静态贴图到动态贴图的讲解顺序，每一部分均会由浅入深地进行介绍。在制作材质时，无论是更新的材质球还是新建的材质球，均会呈现在内容浏览器中，如图 2-29 所示。

图 2-29 内容浏览器

图 2-30 所示，建立一个新的文件夹，取名"Jinshu"。需要说明的是，制作金属贴图这部分的所有文件均放在此文件夹的目录下。

双击打开"Jinshu"文件夹，在空白处右击，选择

2.3.2 金属材质的制作

在内容浏览器空白处右击，选择"新建文件夹"，如

第2章 Unreal Engine材质系统

图2-30 新建文件夹

图2-31 新建材质文件

"材质",如图2-31所示,创建新的材质。将其命名为"metal01",作为第一个材质文件。

金属有三个最关键的属性:基础颜色、金属及粗糙度。如图2-32所示,首先创建一个三维向量,接入"基础颜色"引脚,给它赋予一个颜色的数值,然后创建两个一维向量,接入"粗糙度"和"金属"引脚。创建的三维向量用来作为"基础颜色"的控制,两个一维向量用来控制"粗糙度"和"金属",最后接入一个一维向量用来控制"高光",如图2-33所示,这样一个最简单的镀铬金属就完成了。

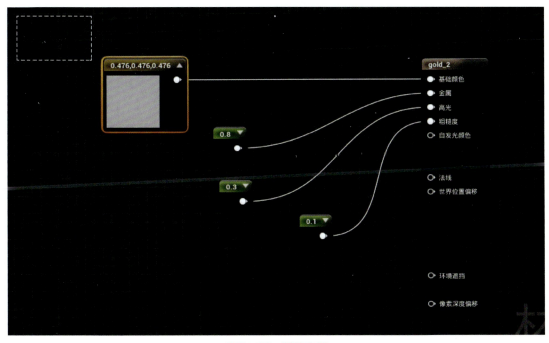

图2-32 镀铬金属

如果要制作更为复杂一些的，有带纹理的金属，就需要在材质面板中导入相应的金属贴图，比如划痕、金属和拉丝金属等贴图素材，然后把这些贴图素材接入"基础颜色"引脚，用来控制它的外表纹理。

如果要制作更为高级一些的材质，就需要用到材质的运算节点 Multiply，运用 Multiply 连接图片素材和一个一维向量，运用这个一维向量进行强度的控制，可以运用 CrazyBump 这个软件生成法线贴图和所需要的其他例如粗糙度或者高光度的贴图。然后把这些贴图全部导入材质面板中，用上述方法进行强度控制，这样就可以制作出强度可控制的一个金属材质，如图 2-34 所示。

现在已经讲到了有关金属贴图制作中所有常用的一些节点，在本章中，会综合前面提到的所有节点，来制作一个金属锈蚀贴图效果。现实生活中，其实也是有锈蚀金属存在的，在制作时，可以参照本节的方法，但更多逼真的效果，需要不断地进行制作和参数修改才可以得到。

图 2-33　效果预览

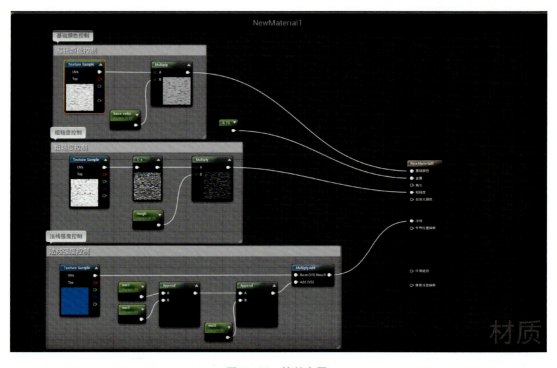

图 2-34　拉丝金属

在制作之前，先要找到所需要的锈蚀金属的贴图素材，然后把它生成发现，再将其和粗糙度的贴图素材同时导入材质面板中。把基础颜色、粗糙度和法线分别接入它们对应的引脚后，可以在预览器中看到一个最基本的，带有凹凸纹理的一个锈蚀金属。

搜索"Linear Interpolate"并拖动到图表界面中，会发现新建的 Lerp 节点与之前用到的 Multiply 相比，多出了一个 Alpha 通道，可以通过这条通道来控制其他两个 A、B 通道的贴图信息。

新建两个一维向量，分别连接至 Lerp 的 A、B 节点上，其中的数值代表线性变化的两个极值，需要根据自己的贴图效果进行修改，这里使用 0.5 和 1。同时，将金属的锈蚀贴图连接到 Alpha，要注意，Alpha 通道只能识别黑白信息，所以，选取一条 RGB 通道与之相连，通过

Lerp 节点将 Normal 图转化为线性变化。由于 Lerp 节点只会识别黑白单色信息,所以,选择 RGB 通道中任意两个连接至 Lerp 的 B 节点和 Alpha 节点,同时,新建一个一维向量连接至 A 节点,当将一维数组的数字定到 0.80 时,贴图的金属性会更加明显。

新建一个 Multiply,将 Lerp 节点连接至 Multiply,同时新建一个一维数组,同样连接至 Multiply 的一维数组,这是为了调整 Lerp 节点的输出效果和强度,这里根据成品效果,将一维数组调整至 10。再将 Multiply 与 Metallic 节点进行连接,使其控制贴图的金属性。这时再观察材质球,即会发现其金属性在表面是有变化的,也就是并非所有地方的反光程度都相同。

接着对 Roughness 节点进行处理,将之前用到的 Defaults 图进行复制,接着新建一个 Lerp 及两个一维向量,此处将两个一维向量定义到 0.7~0.9 之间。由于贴图效果锈迹占据大部分,所以表面的粗糙度要比正常的金属高很多,再通过去光图的单通道进行线性控制,分别连接后,将 Lerp 连接至 Roughness 节点,作为贴图的粗糙度控制,这样做的目的和上面一样,也是为了让金属表面的粗糙度随其纹理产生变化。

此处将处理 Base color 和 Normal 节点时的预览图和制作到当前步骤的预览图进行对比,可以明显地发现其中的光照效果和粗糙度的改变。接下来简单地处理一下高光节点,由于制作的目标是带有锈迹的金属,所以高光不会很明显。添加一个一维向量,将数值定义在 0.2 左右,连接至 Specular。至此,带有锈迹的金属材质制作完成。保存应用后,回到场景将材质赋给材质球模型。

可以进行额外操作来更加丰富材质的外观,可以参考上述所有的操作方法来丰富材质的外表属性。

※ 2.4 木纹材质

2.4.1 生活中的木纹材质

相对于金属材质来说,木纹材质更加柔和,并且没有太强的金属光泽,可以说它是一个既硬又软的材质,如图 2-35 所示。本节将以木板为例,着重介绍木制品材质的制作方法,而有关树木结构,会进行更详细的讲解。木质材质贴图的制作不同于金属,它无法使用简单的一堆数组来控制基础属性得到想要的材质结果,这里必须要用材质贴图对基础颜色进行处理。

2.4.2 木纹材质的制作

如图 2-36 所示,将用到的木板的贴图导入材质编辑器中,将它连入基础颜色引角。然后创建两个一维向量进行金属性和粗糙度的强度控制,这样就可以得到一个如图 2-37 所示的最基础的木纹材质。

图 2-35 生活中的木纹

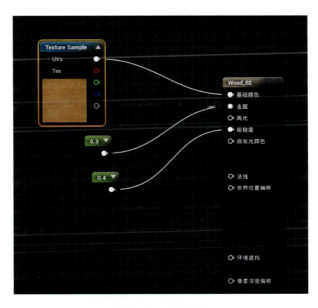

图 2-36 木纹材质

图 2-37 木纹材质球

处理好法线贴图和环境遮挡贴图后,将这两张贴图导入材质编辑器中,连接到法线引脚和环境遮挡引脚,如图2-38与图2-39所示。

单独的木纹材质过于崭新,会让人觉得并不真实,而在木板表面添加适当的污渍可以更好地解决这个问题,可以把这些调整放在基础颜色节点上进行修改。可以从素材库中找到很多关于污渍的素材,这里也可以通过Photoshop自己制作污渍贴图。

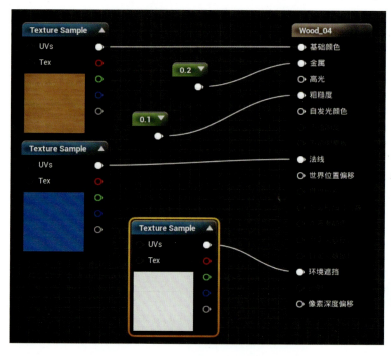

图2-38 法线和环境遮挡

图2-39 效果材质球

如图2-40所示,把污渍贴图用Multiply与木板的纹理贴图混合,接着用这张污渍贴图进行粗糙度控制。效果如图2-41所示。

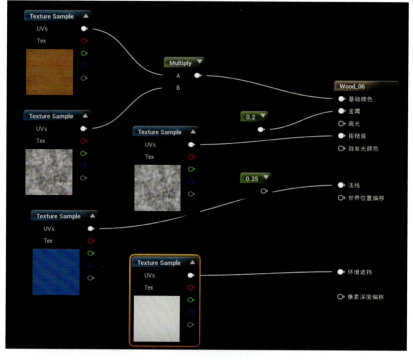

图2-40 增加污渍

图2-41 污渍效果展示

现在会发现直接融合的效果过于单一，且污渍占据了木板表面的大部分，呈现出的效果并不理想，重新打开编辑器，为污渍贴图创建 TexCoord 节点。TexCoord 节点能将贴图纹理进行任意比例的放大或缩小，并且通过复制的方式复制出若干组的污渍贴图，这里放大了倍数，分别为 0.2×0.2、2×2、3.0×1.5，如图 2-42 所示，可以看到，随着倍数的改变，污渍的贴图也发生了相应的变化。

这样做的目的是将污渍和木板材质混合后，不会显得太过单一，这里也导入不同样式的污渍贴图进行处理，目的均为使呈现效果更加多样。接着需要将这三种污渍贴图进行混合，此处混合的方式使用 Multiply 即可。先将上面的两张污渍贴图进行 Multiply 的融合，如图 2-43 所示。这里需要注意的是，在融合的过程中，如果认为污渍的效果太过明显，可以用 Add 节点，效果为两个节点进行叠加。可以先创建 A 节点，再新建一个一维向量来控制污渍贴图的颜色强度。将这一组一维向量定为 0.2，使叠加后的白色偏多，黑色的污渍被淡化。

此时再将经过 Add 节点处理的污渍贴图之间进行 Multiply 混合。这里需要注意的是，每部分的 Add 节点添加与否及数值的调整，均可以根据自己的素材及最后的结果来决定。

图 2-42　浅色污渍

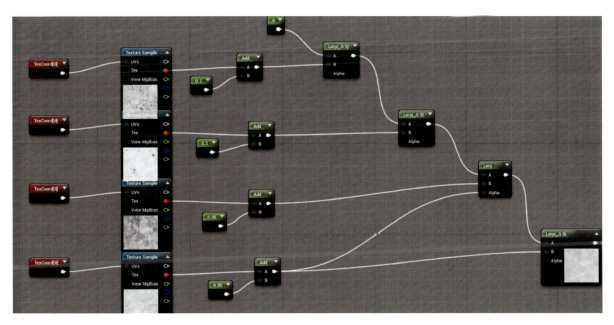

图 2-43　浅色污渍叠加

这样即完成了以某一种污渍样式作为线性参考，混合剩余污渍的贴图。完成混合后的污渍，再通过 Lerp 节点将其与木板材质进行混合，这里将污渍作为 Alpha 通道，木板贴图则连接到 B 点上，与上面的做法相同，将 A 端的数值直接调整到 0，这样即完成了木板上叠加淡化后污渍的效果。

接下来处理材质的粗糙度。最终想要得到的效果是根据木板上面的污渍来决定其粗糙度，将上面用到的无污渍贴图进行复制 TexCoord，根据情况可以进行参数调整。污渍的贴图和木板贴图的高度图使用 Multiply 进行融合，目的是区分出粗糙污渍存在的位置，如图 2－44 所示。

最后对金属性及高光进行调整，同样可以参考上述方法，通过污渍的贴图来实现对表面细节的控制，让贴图表面呈现的效果更加真实。

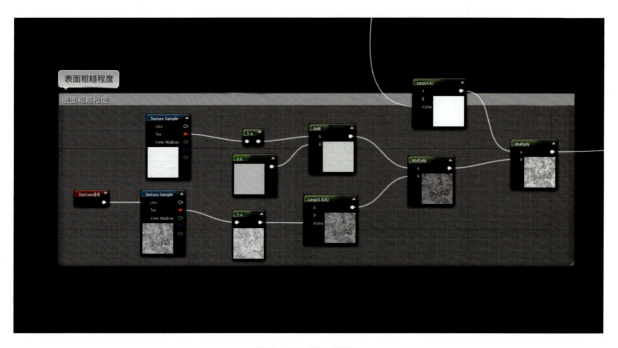

图 2－44　污渍混合

第 3 章
Unreal Engine 光照系统

学习目标：

★ 了解光照系统。
★ 掌握不同光源之间的区别。
★ 掌握不同光源各自的使用方式。
★ 熟悉渲染流程。

光照是场景构建中非常重要的一环，它决定了材质的表现和氛围的感知。

UE4 中有 4 种光源类型：定向光源 Directional、点光源 Point、聚光源 Spot 及天光 Sky。

定向光源主要用作基本的室外光源，或者用作为需要呈现出是从极远处或者接近于无限远处发出的光的任何光源。点光源是像传统的"灯泡"一样的光源，从一个单独的点处向各个方向发光。聚光源也是从一个单独的点处向外发光，但是其光线会受到一组锥体的限制。天光则获取场景的背景，并将它用于场景网格物体的光照效果。

图 3-2　半透明光照

半透明物体可以将阴影投射于不透明的世界，以及其自身，或者其他带光照的半透明物体，如图 3-3 和图 3-4 所示。

※ 3.1　渲染概述

3.1.1　渲染解析

UE4 拥有全新的 DirectX 11 管线的渲染系统，包括延迟着色、全局光照、半透明光照、后处理及使用矢量场的 GPU 粒子模拟。

1. 延迟着色

UE4 中所有光照均为延迟光照（Deferred），这点与 UE3 的前置光照（Forward）完全不同。材质将它们的属性写入 GBuffers，光照过程则读取材质每个像素的属性，并对它们执行光照处理。

2. 光照路径

在 UE4 中有 3 条光照路径，如图 3-1 所示。

图 3-1　静态光源光照路径

①完全动态。使用可移动光源。
②部分静态。使用固定光源。
③完全静态。使用静态光源。

这几个不同的工具在质量、性能和游戏中的可变性直接具有不同的取舍。每个游戏都可以选择所需要的方法来使用，在之后的内容中也会详细解析。

3.1.2　光照特性

1. 带光照的半透明物体

半透明物体如图 3-2 所示，它们的光照和着色都是单次的，这样可以确保将其正确地与其他半透明物体混合，而这是采用多遍光照技术无法完成的。

图 3-3　半透明物体（1）

图 3-4　半透明物体（2）

2. 环境遮挡

环境遮挡效果是 SSAO（屏幕空间环境遮挡）的一种实现方式，并且当前仅基于深度缓冲。这意味着法线贴图细节或平滑组不会影响效果。在启用该功能后，多边形数非常低的网格物体可能会呈现出更多的棱角。在 UE4 中，该功能仅被应用于场景，也就是说，仅应用于环境立方体贴图。

3. 光溢出

光溢出也称为泛光，是真实世界中的一种光照现象，如图 3-5 所示。该效果可以在中度的渲染开销下，为渲染出的图像增加更多的真实感。当用裸眼看非常亮的对象并且背景非常暗时，就会看到这种光溢出现象。尽管比较亮的对象也会产生其他效果（如条纹、镜头眩光），但是这里讨论的典型的光溢出特效并不包含其他效果。由于显示器通常不支持 HDR 高动态范围，所以实际上并不能渲染非常亮的对象。取而代之的做法是，只是模拟以下的情况发生后的效果，比如光照在视网膜表面的散射，或者光照射到薄膜（薄膜表面散射），以及相机前方（乳白色玻璃滤镜）的效果。这类效果并不总是完全在物理学上显示正确，但却能帮助表现对象的相对亮度，或给 LDR（Low Dynamic Range，低动态范围）图片增加真实感。

图 3-5 光溢出

4. 人眼适应

人眼适应，或称自动曝光，如图 3-6 所示，可以自动调整场景的曝光度，重现从明亮环境进入黑暗环境（或相反）时所经历的效果。

图 3-6 人眼适应

※ 3.2 光照系统概述

3.2.1 放置光源

在 UE4 中，将光源添加到场景的方法有多种，数个关键属性会对场景中的光照产生较大影响。

将光源放置在场景中的方法有以下几种：

①将光源从模式窗口拖入放置模式，如图 3-7 所示。

在"模式"菜单的"光源"选项卡中，单击光源并将其拖放到关卡中。

也可以从关卡视口窗口直接添加一个光源。

②在视口中右击，选择"Actor"→"Place Actor"，然后选择一个光源，如图 3-8 所示。

添加光源后，便能使用与其他对象类似的位置（W）和旋转（E）控件来调整光源的位置和旋转，如图 3-9 所示。但是点光源的旋转并没有意义，不会改变光照。

图 3-7 放置光源

图 3-8 添加光源

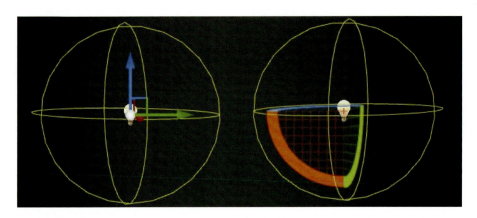

图3-9 光源位置和旋转

3.2.2 全局光照

全局光照（Lightmass）创建具有复杂光交互作用的光照图，例如区域阴影和漫反射。它用于预计算具有固定和静止运动性的光源的照明贡献部分。

1. 全局光照重要性体积（Lightmass Importance Volume）

许多贴图在编辑器中已经网格化到网格的边缘，但是需要高质量照明的实际可玩区域要小得多。全局光照取决于关卡的大小发射光子，因此，这些背景网格体将大大增加需要发射的光子数量，而照明构建时间也将增加。全局光照重要性体积控制全局光照发射光子的区域，允许将其集中在需要清晰间接照明的区域，如图3-10所示。在全局光照重要性体积之外的区域，在较低的质量下只能得到一次间接照明的反射。

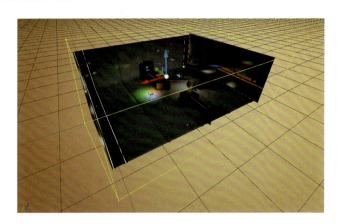

图3-10 光照重要性体积

要将一个全局光照重要性体积添加到某个关卡中，可以从模式（Modes）菜单的体积（Volume）选项卡中将这个全局光照重要性体积对象拖动到关卡中，然后将其缩放到所需的大小，如图3-11所示。

图3-11 拖动体积

还可以通过单击"Actor"下的"Select a Type"下拉按钮，将画笔转换为全局光照重要性体积，如图3-12所示。

单击该下拉框后，将出现一个菜单，可以在其中选择要替换画笔的Actor类型，如图3-13所示。

如果放置多个全局光照重要性体积，那么大多数照明工作将通过包含所有这些体积的边界框来完成。但是，体积照明样本仅放置在较小的体块中。

2. 构建

单击工具条上的"Build"（构建）按钮（可以单击"Build"按钮旁边的倒三角形按钮，并且可以选择"Build Lighting"（构建光照））。

图3-12 转换画笔

第3章 Unreal Engine光照系统 031

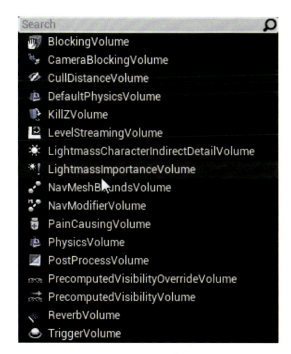

图 3-13 选择类型

类似于这样的一个对话框将会出现在屏幕的右下角，如图 3-14 所示。

图 3-14 构建过程

当构建完成时，单击"Keep"（保留）按钮，如图 3-15 所示。

图 3-15 构建成功

设置光源数量、质量模式、关卡大小、全局光照重要性体积所包含的部分、Swarm 客户端是否有其他计算机可用，这个过程可能会花费几分钟或者更长的时间。

3. 画质模式

如图 3-16 所示，这些预置模式是时间花费和获得画质之间的平衡。预览级将会快速地进行渲染，并提供大部分直接光照烘焙后的一般效果，而产品级设置渲染较慢，但是可以提供更加真实的效果，并且可以校正各种光照渗透错误。

① Production（产品级）：看上去非常棒，需要花费一些时间。

② High（高级）：看上去很好，需要一些时间。

③ Medium（中级）：看上去较好，需要稍微长一点的时间。

④ Preview（预览级）：只是可以接受，但渲染速度很快。

图 3-16 构建质量

这些仅是预置，还有很多设置可以调整，以便在游戏中获得满意的光照。

3.2.3 光源的移动性

在每个光源的 Transform 区块中，可以看到 Mobility（移动性）的属性，如图 3-17 所示。

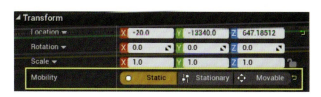

图 3-17 光源属性

在该属性中有三个设置：Static（静态）、Stationary（固定）和 Movable（移动），不同的设置在光照效果上有着显著的区别，性能上也各有差异。

1. 静态光源（Static Lights）

静态光源是在运行时完全无法更改或移动的光源。这些光源仅在光照贴图中计算，一旦处理完，对性能没有进一步影响。可移动对象不能与静态光源集成，因此静态光源的用途是有限的。

在三种光源可移动性中，静态光源的质量中等、可变性最低、性能成本最低。

由于静态照明仅使用光照贴图，因此它们的阴影会在游戏前烘焙。这意味着，它们不能让移动（动态）对象产生阴影。但是，如果要照明的对象也是静态的，就能够产生面积（接触）阴影。这是通过调整源半径（Source Radius）属性实现的。但是，应当注意的是，要获得柔和阴影的表面，很可能必须设置相应的光照贴图分辨率，以便阴影呈现较好的效果。

静态光源的主要应用对象是移动平台上的低性能设备。

如上所述，静态光源的光源半径拥有柔化自身投射阴影的额外效果，其原理与区域光源在诸多 3D 渲染包中的原理几乎一致。图3-18左图中，光源的半径较小，投射阴影的锐度更高；图3-18右图中的光源半径更大，投射的阴影则更加柔和。

图3-18 静态光源

可使用光照贴图分辨率（Lightmap Resolution）来控制静态光源生成的烘焙光照的细节。

在静态网格体组件上，光照贴图分辨率在静态网格体资源上设置，或勾选"Override Lightmap Res"（覆盖光照贴图分辨率）并设置值。值越大，意味着分辨率越高，但也意味着构建时间更长、内存消耗更多。

在笔刷表面上，光照贴图分辨率通过"Lightmap Res"（光照贴图分辨率）属性进行设置。这是真正在对密度进行设置，因此，较低的值能形成更高的分辨率。

2. 固定光源（Stationary Lights）

固定光源是保持固定位置不变的光源，但可以改变光源的亮度和颜色等。这是与静态光源的主要不同之处，静态光源在游戏进行期间不会改变。但是，如果在运行时更改亮度，请注意它仅影响直接光照。间接（反射）光照不会改变，因为它是在光照系统中预先计算的。

在光源的三种可移动性中，固定光源具有最好的质量、中等的可变性，以及中等的性能消耗。

所有间接光照和来自固定光源的阴影都存储在光照贴图中，直接阴影存储在阴影贴图中。这些光源使用距离场阴影，这意味着，即使有光照对象上的光照贴图分辨率相当低，它们的阴影也将保持清晰。

固定光源的直接光照使用延迟着色直接进行渲染，如图3-19所示。这使得在运行时可以改变光源的亮度和颜色，同时提供了光源函数或IES概述文件。该光源具有和可移动光源一样的高质量解析高光。在游戏中，可以通过修改光源的Visible属性来显示或隐藏该光源。

3. 直接阴影

光源的实时阴影具有较大的性能消耗。渲染一个有阴影的完全动态的光源所带来的性能消耗，通常是渲染一个没有阴影的动态光源的性能消耗的20倍。所以，固定光源可以在静态物体上投射静态阴影，但仍有一些限制。

（1）在不透明表面的静态阴影

如图3-20所示，光照系统在重新构建光照过程中，

图3-19 固定光源

为静态对象上的固定光源生成距离场阴影贴图。距离场阴影贴图即使在分辨率非常低的情况下，也可以提供非常精确的阴影变换，产生的运行时性能消耗非常小。和光照贴图类似，距离场阴影贴图要求所有静态光照的静态网格体具有唯一的展开的UV。

图3-20 固定光源的阴影

如图3-21所示，最多只能有4个重叠的固定光源具有静态阴影，因为这些光源必须被分配到阴影贴图的不同通道。这是图形色彩问题。由于是这种拓扑结构，所以通常仅允许少于4个的光源重叠。阴影不能影响这个重叠测试，所以太阳光一般需要从它所在关卡中获得一

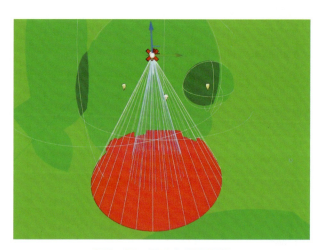

图3-21 固定光源的重叠

个通道，即使地下区域也如此。一旦达到通道的极限，其他固定光源将会使用全景动态阴影，这会带来很大的性能消耗。可以使用 StationaryLightOverlap 视图模式来可视化地查看重叠效果，它会随着修改光源而动态地更新。当某个光源无法分配到一个通道时，该光源的图标会变为红色的"×"。

StationaryLightOverlap 视图模式显示了多个光源的重叠。请注意，在 Spot 光源后面的三个光源，左侧和中间的两个光源可以看到已经和 Spot 光源的半径重叠了，而右侧那个并未重叠。

（2）在半透明表面的静态阴影

半透明表面也能够在开销较小的情况下接受固定光源的阴影投射——光照系统会根据场景静态物体预计算阴影深度贴图，这将在运行时被应用到半透明表面。这种形式的阴影是比较粗糙的，仅仅在米的度量单位上计算阴影。

（3）动态阴影

动态物体（比如 StaticMeshComponent 或 SkeletalMeshComponent）必须要从距离场阴影贴图中集成环境世界的静态阴影。这是通过使用每个对象的阴影完成的。每个可移动的对象从固定光源创建两个动态阴影：一个用于处理静态环境世界投射到该对象上的阴影，一个用于处理该对象投射到环境世界中的阴影。通过使用这种设置，固定光源唯一的阴影消耗就来源于它所影响的动态对象。这意味着，根据所具有的动态对象的数量不同，该性能消耗可能很小，也可能很大。如果有足够多的动态对象，那么使用可移动光源会更加高效。

如图3-22所示，在下面的场景中，几个球体都是动态物体，它们既接收来自静态世界的阴影，也会投射它们自己的阴影，这些阴影和距离场阴影合并计算。每个可移动组件的阴影锥体也显示在图上。

图 3-22　动态阴影

（4）定向光源的动态阴影

定向固定光源是特殊的，它们支持采用联级阴影贴图（Cascaded Shadow Maps）的全景阴影，同时作为静态阴影。这在具有很多带动画的植被的关卡中是非常有用的：想在玩家周围产生可以动的阴影，但是不想付出以让很多阴影重叠来覆盖较大的视图范围这样的代价。动态阴影会随着距离而渐变为静态阴影，但这种变换通常是很难察觉到。要想设置这样的处理，仅需把 DirectionalLightStationary 的 Dynamic Shadow Distance Stationary Light 修改为想让渐变发生的范围即可。

即便在定向光源上使用联级阴影贴图，可移动组件仍然会创建 PerObject 的阴影。这么做在较小的 Dynamic Shadow Distances 时比较有用，但如果设置得较大，这么做就会产生不必要的性能开销。如果要禁用 PerObject 阴影来优化性能，可以在光源属性上禁用 Use Inset Shadows for Movable Objects。

4. 间接光照

和静态光源一样，固定光源把间接光照信息存储在光照贴图中。在运行时，通过修改亮度和颜色来改变直接光照的做法并不适用于改变间接光照。这意味着，即使当一个光源未选中"Visible"项时，在构建光照时，它的间接光照仍会存放到光照贴图中。光源属性中的 IndirectLightingIntensity 可以用于控制或禁用该光源的间接光照强度，以便在构建光照时减小甚至彻底关闭它的间接光照。

不过，还有一个后处理 Volume，叫作 IndirectLightingIntensity，它能够控制所有光源在光照贴图中的间接光照强度效果。这个 Volume 可以在运行时修改，并可以从蓝图控制。

5. 固定光源使用区域阴影

固定的定向光源提供了一个新的阴影选项，如图3-23所示，在 Lightmass 区块内，名为 Use Area Shadows for Stationary Light（固定光源阴影）。

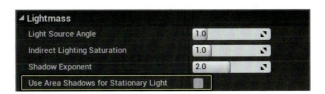

图 3-23　固定光源阴影

如果想使用固定光源的区域阴影选项，先选择场景中的定向光源并确认它的移动性（Mobility）设置为固定（Stationary）。然后在该定向光源属性的"Lightmass"区域中，勾选"Use Area Shadows for Stationary Light"选项。当该选项被勾选时，该固定光源将会使用区域阴影来计算与制作阴影贴图。区域阴影能在光照投影较远处产生柔和的阴影边界。图3-24中可以看到是否使用区域阴影的差异。

请注意，区域阴影只能在固定光源上工作，可能还需要增大光照贴图的分辨率来获得和非区域阴影同样的阴影质量与锐度。

6. 可移动光源（Movable Lights）

可移动光源将投射完全动态的光照和阴影，可修改

图 3-24 效果展示

位置、旋转、颜色、亮度、衰减、半径等所有属性。其产生的光照不会被烘焙到光照贴图中，当前版本中，其也无法产生间接光照。

7. 阴影投射

可移动光源使用全场景动态阴影来投射阴影，此方式性能开销很大。性能开销主要取决于受该光源影响的网格体的数量，以及这些网格体的三角形数量。这意味着半径较大的可移动光源的阴影投射性能开销可能是半径较小的可移动光源的数倍之多。

8. 使用光源的移动性

在光源的变换部分，有一个名为移动性（Mobility）的属性，将其改为可移动（Movable），此属性也会出现在添加到蓝图上的光源组件上。

※ 3.3 定向光源

3.3.1 光源性质

定向光源将模拟从无限远的源头处发出的光线。这意味着此光源投射出的阴影均为平行，因此适用于模拟太阳光，如图 3-25 所示。

图 3-25 定向光源

1. 光照方向

光照方向以箭头指出了光线传播的方向，以便使用者根据需要来放置光源的方向。

2. 光源的移动性

定向光源放置后，可对其移动性进行如下设置：

①静态。即无法在游戏中改变光源。这是速度最快的渲染方法，可用于已烘焙的光照。

②固定。即光源通过 Lightmass 只烘焙静态几何体的投影和反射光照，其他则为动态光源。此设置还允许光源在游戏中改变颜色和强度，但其并不会移动，且允许部分烘焙光照。

③可移动。即为完全动态光源，可进行动态投影。这是最慢的渲染方法，但在游戏过程中拥有最高灵活性。

图 3-26 展示了从开放屋顶照射进来的日光。

图 3-26 阳光投射

3.3.2 光源属性

定向光源的属性分为 4 类：光源、光束、Lightmass 及光照函数。

利用定向光源模拟真实的暮光效果或大气散射的阴影，即可生成光束。这些光线为场景添加深度和真实度。

从本质上而言，光照函数是一种材质，可用于过滤光照的强度。然而，需要注意的是，无法使用光照函数修改光照颜色，只有光照颜色设置能执行此操作。

1. 光源属性（表 3-1）

表 3-1 光源属性

属性	描述
强度（Intensity）	光源所散发的总能量
光源颜色（Light Color）	光源所散发的颜色
用作大气阳光（Used As Atmosphere Sun Light）	使用此定向光源来定义太阳在天空中的位置

续表

属性	描述
影响场景（Affects World）	完全禁用光源。无法在运行时设置。如要在运行时禁用光源的效果，需修改其可观性属性
投射阴影（Casts Shadows）	光源是否投射阴影
间接光照强度（Indirect Lighting Intensity）	缩放光源发出的间接光照贡献
最小粗糙度（Min Roughness）	对此光照产生作用的最小粗糙度。用于柔化反射高光
阴影偏差（Shadow Bias）	控制此光源所投射阴影的精确度
阴影过滤锐化（Shadows Filter Sharpen）	此光源投射阴影过滤的锐化程度
投射半透明阴影（Cast Translucent Shadows）	该光源是否可从半透明物体处投射动态阴影
影响动态间接光照（Affect Dynamic Indirect Lighting）	光源是否应被注入光照传播体积
投射静态阴影（Cast Static Shadows）	此光源是否投射静态阴影
投射动态阴影（Cast Dynamic Shadows）	此光源是否投射动态阴影
影响半透明光照（Affect Translucent Lighting）	光源是否影响半透明物体

2. 光束属性（表3-2）

表3-2 光束属性

属性	描述
启用光速遮挡（Enable Light Shaft Occlusion）	确定此光源是否会对雾气和大气之间的散射形成屏幕空间模糊遮挡
遮挡遮罩暗度（Occlusion Mask Darkness）	控制遮挡遮罩的暗度，值为1，则无暗度
遮挡深度范围（Occlusion Depth Range）	和相机之间的距离小于此距离的物体均会对光束构成遮挡
启用光束泛光（Enable Light Shaft Bloom）	确定是否渲染此光源的光束泛光
泛光缩放（Bloom Scale）	缩放叠加的泛光颜色
泛光阈值（Bloom Threshold）	场景颜色必须大于此阈值，方可在光束中形成泛光
泛光着色（Bloom Tint）	对光束发出的泛光效果进行着色时所使用的颜色
光束覆盖方向（Light Shaft Override Direction）	可使光束从另一处发出，而非从该光源的实际方向发出

3. 光照渲染属性（表3-3）

表3-3 光照渲染属性

属性	描述
光源角度（Light Source Angle）	定向光源的自发光表面对接收物延展的角度，其影响半影尺寸
间接光照饱和度（Indirect Lighting Saturation）	数值为0时，将完全去除此光照在Lightmass中的饱和度，为1时，则保持不变
阴影指数（Shadow Exponent）	控制阴影半影的衰减

4. 光照函数属性（表3-4）

表3-4 光照函数属性

属性	描述
光照函数材质（Light Function Material）	应用到该光源的光照函数材质
光照函数缩放（Light Function Scale）	缩放光照函数投射
光照函数淡化距离（Light Function Fade Distance）	在此距离中，光照函数将完全淡化为已禁用高度（Disabled Brightness）中的值
已禁用高度（Disabled Brightness）	光照函数已指定但被禁用时应用到光源的亮度因子

※ 3.4 点光源

3.4.1 光源性质

点光源的工作原理很像一个真实的灯泡，从灯泡的钨丝向四面八方发出光。然而，出于考虑性能，点光源被简化为从空间中的一个点均匀地向各个方向发射光，如图3-27所示。

放置的点光源可以设置为3个移动设置之一。

静态（Static）：它意味着，不能在游戏中更改光源。这是最快的渲染方法，并且允许烘焙的光照。

固定（Stationary）：它意味着，光源将仅有自己的阴影和来自全局光照 烘焙的静态几何体的反射光照，所有其他光照都将为动态。该设置还允许光源在游戏中更改颜色和强度，但它不会移动且允许局部烘焙光照。

可移动（Movable）：这意味着光是完全动态的，并考虑到了动态阴影。从渲染的角度来看，这是最慢的，但顾及了游戏进程中的最大灵活性。

图 3-27 点光源

下面是放置在关卡内的点光源的两个例子。

如图 3-28 和图 3-29 所示,上方是没有显示其半径的点光源,而下方的图像是显示了半径的同一光源,这给人一种光源将影响世界的良好印象。

3.4.2 光源属性

点光源(Point Light)的属性分为 4 类:光源、光源描述文件、Lightmass 和光源函数。

1. 光源属性(表 3-5)

表 3-5 光源属性

属性	说明
强度(Intensity)	光源发出的总能量
光源颜色(Light Color)	光源发出的颜色
衰减半径(Attenuation Radius)	限制光的可见影响
光源半径(Source Radius)	光源形状的半径
光源长度(Source Length)	光源形状的长度
影响世界(Affect World)	完全禁用光源。无法在运行时设置。要在运行时禁用光源的效果,更改其可视性(Visibility)属性
投射阴影(Cast Shadows)	光源是否投射阴影
间接照明强度(Indirect Lighting Intensity)	缩放光源的间接照明贡献
使用平方反比衰减(Use Inverse Squared Falloff)	是否使用基于物理的平方反比距离衰减,其中,衰减半径只是用于限制光源的贡献
光源衰减指数(Light Falloff Exponent)	禁用 Use Inverse Squared Falloff 时,控制光源的径向衰减
最小粗糙度(Min Roughness)	对这种光源有效的最小粗糙度,用于软化高光
阴影偏差(Shadow Bias)	控制该光源的阴影的精确程度
阴影过滤锐化(Shadow Filter Sharpen)	将该光源的阴影过滤锐化多少
接触阴影长度(Contact Shadow Length)	屏幕空间到锐化接触阴影的光线追踪的长度。值为 0 表示禁用此选项

图 3-28 光源大小

图 3-29 光源长度

虽然点光源只从空间中的该点发出,没有形状,但 UE4 可以给点光源赋予半径和长度,用于反射和高光,让点光源有更多的物理真实感。

第3章 Unreal Engine光照系统

续表

属性	说明
投射半透明阴影（Cast Translucent Shadows）	是否允许该光源通过半透明对象投射动态阴影
影响动态间接照明（Affect Dynamic Indirect Lighting）	是否应将光源注入光传播体积
投射静态阴影（Cast Static Shadows）	该光源是否会投射静态阴影
投射动态阴影（Cast Dynamic Shadows）	该光源是否会投射动态阴影
影响半透明光照（Affect Translucent Lighting）	光源是否会影响半透明度

2. 光源描述文件属性（表3-6）

表3-6 光源描述文件属性

属性	说明
IES 纹理（IES Texture）	用于光源描述文件的 IES 纹理。IES 文件是 ASCII 格式的，但虚幻引擎将它们表示为纹理，而不是图像文件
使用 IES 亮度（Use IES Brightness）	如果是 False，它将利用光源的亮度决定产生的光源量；如果是 True，它将使用 IES 文件的亮度（以流明计）（通常比虚幻引擎中的光源的默认值大得多）
IES 亮度比例（IES Brightness Scale）	IES 亮度贡献比例，因为它们能明显让场景变暗
间接照明饱和度（Indirect Lighting Saturation）	值为 0，将使该光源在 Lightmass 中完全饱和；值为 1，则不变
阴影指数（Shadow Exponent）	控制阴影半影的衰减

3. 光源函数属性（表3-7）

表3-7 光源函数属性

属性	说明
光源函数材质（Light Function Material）	应用于该光源的光源函数材质
光源函数缩放（Light Function Scale）	缩放光源函数投射
光源函数淡出距离（Light Function Fade Distance）	光源函数应完全淡出到禁用亮度（Disabled Brightness）值的距离
禁用亮度（Disabled Brightness）	当光源函数已指定但被禁用时，应用于光源的亮度因子

※ 3.5 聚光源

3.5.1 光源性质

聚光源从圆锥形中的单个点发出光照，如图3-30所示。使用者可通过两个圆锥形来塑造光源的形状：内圆锥角和外圆锥角。在内圆锥角中，光照将达到完整亮度。从内半径的范围进入外圆锥角的范围中时，将发生衰减，形成一个半影，或在聚光源照明圆的周围形成柔化效果。光照的半径将定义圆锥的长度。简单而言，它的工作原理类似于手电筒或舞台照明灯。

图3-30 聚光源

和其他光源一样，聚光源可设为以下3种移动性设置中的一种：

（1）静态

即无法在游戏中改变光源。这是最快的渲染方法，可用于已烘焙的光照。

（2）固定

即光源通过 Lightmass 仅烘焙静态几何体的投影和反射光照，其他则为动态光源。此设置允许光源在游戏中改变颜色和强度，但其不会移动，并允许部分烘焙光照。

（3）可移动

即为完全动态光源，可进行动态投影。这是最慢的渲染方法，但在游戏过程中拥有大高灵活性。

图3-31 显示的是放置在关卡中的聚光源，展示了光源范围和椎体效应器的决定方式。

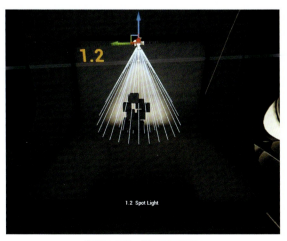

图3-31 聚光源椎体

3.5.2 光源属性

聚光源的属性分为 4 类：光源、光源描述文件、Lightmass 和光照函数。

1. 光源（表 3-8）

表 3-8 光源属性

属性	描述
强度	光源所散发的总能量
光源颜色	光源所发出的颜色
椎体内部角度	设置聚光源椎体内部的角度（以度计）
椎体外部角度	设置聚光源椎体外部的角度（以度计）
衰减范围	限制光源的可见影响
源半径	光源的源形状半径
源长度	光源的源形长度
影响场景	完全禁用光源。无法在运行时设置。要在运行时禁用光源效果，需修改其可视性属性
投射阴影	光源是否投射阴影
间接光照强度	缩放光源发出的间接光照贡献
使用反转平方衰减	是否使用基于物理的反转平方距离衰减，其中 Attenuation Radius 仅限制光照贡献
光源衰减指数	控制禁用 Use Inverse Squared Falloff 时光源的径向衰减
最小粗糙度	对此光照产生作用的最小粗糙度。用于柔化反射亮光
阴影偏差	控制此光源所投射阴影的精确度
阴影过滤器锐化度	此光源投射阴影过滤的锐化程度
投射半透明阴影	此光源是否可从半透明物体处投射动态阴影
影响动态间接光照	此光源是否应被注入光照传播体积
投射静态阴影	此光源是否投射静态阴影
投射动态阴影	此光源是否投射动态阴影
影响半透明光照	此光源是否影响半透明物体

2. 光源渲染属性（表 3-9 和表 3-10）

表 3-9 光源描述文件

属性	描述
IES 纹理	IES 纹理用于光源描述文件。虚幻引擎将 IES 文件显示为纹理，其实际上是 ASCII，并非图像文件
使用 IES 亮度	若为 False，将使用光源亮度决定产生的光源量；若为 True，将使用 IES 文件亮度（以流明计）（通常远大于虚幻引擎光源上的默认值）
IES 亮度缩放	对 IES 亮度贡献的缩放，其可能会使场景严重曝光

表 3-10 光照渲染

属性	描述
间接光照饱和度	数值为 0 时，将完全去除该 Lightmass 光源的饱和度；为 1 时保持不变
阴影指数	控制阴影半径的衰减

3. 光照函数属性（表 3-11）

表 3-11 光照函数

属性	描述
光照函数材质	应用到该光源的光照函数材质
光照函数缩放	缩放光照函数投射
光照函数淡化距离	光照函数完全淡化为 Disabled Brightness 的距离
禁用高度	光照函数已指定但被禁用时应用到光源的亮度因子

※ 3.6 天空光源

3.6.1 光源性质

天空光照（Sky Light）采集关卡的远处部分并将其作为光源应用于场景，如图 3-32 所示。这意味着，即使天空来自大气层、天空盒顶部的云层或者远山，天空的外观及其光照反射也会匹配。

图 3-32 天空光源

1. 场景采集

天空光照将仅在某些情况下才采集场景：

对于静态天空光照（Static Sky Lights），构建光照时会自动进行更新。

对于固定（Stationary）或可移动天空光照（Movable Sky Lights），在加载时更新一次，只有调用重新采集天空（Recapture Sky）时，才会进一步更新。这可以通过"Details"（详细信息）面板或游戏中的蓝图调用执行。

应使用天空光照而不是环境立方体贴图来表示天空的光照，因为天空光照支持局部阴影，局部阴影可以防止室内区域被天空照亮。

2. 移动性

与其他光源类型类似，天空光照可以设置为表 3-12 所示移动性之一。

表 3-12 天空光源的移动性

移动性	说明
静态（Static）	游戏中不能更改光照。这是最快的渲染方法，并且允许烘焙的光照
固定（Stationary）	构建光照时，将仅从静态几何体采集阴影和光照反射，所有其他光源都将为动态。该设置还允许光线在游戏中更改颜色、强度和立方体贴图，但它不会移动且允许局部烘焙光照
可移动	可以根据需要在游戏中移动和更改光照

3. 静态天空光照

设置为静态的天空光照将被完全烘焙到关卡中的静态对象的光照图中，如图 3-33 所示，因此不需要任何

图 3-33 光照效果

成本。在对该光源的属性进行编辑后，所做的更改将不可见，直至为关卡重新构建了光照。

4. 固定天空光照

与设置为静态的天空光照一样，设置为静止的天空光照从全局光照获得烘焙阴影。在关卡中放置了静止天空光照后，必须至少重新构建光照一次，才能生成和显示烘焙阴影。

与其他静止光源一样，一些属性可以在运行时通过蓝图或动画编辑器（Sequencer）进行更改。这意味着，可以调整此天空光照的强度（Intensity）或颜色（Color），而无须重新构建整个关卡的照明。然而，间接光照将被烘焙到光照图中，并且无法在运行时进行修改。间接光照量可以使用间接光照强度（Indirect Lighting Intensity）来控制。

5. 可移动天空光照

设置为可移动的天空光照不使用任何形式的预计算。当设置为采集场景时，它采集具有任何移动性的组件和光源。

3.6.2 光源属性

天空光照组件的属性分为两类：光源和天空光照。

1. 光源属性（表 3-13）。

表 3-13 光源属性

属性	说明
强度（Intensity）	光源发出的总能量
光源颜色（Light Color）	指定光源发出的颜色
影响世界场景（Affects World）	光源是否能影响世界场景，或者光源是否被禁用
投射阴影（Cast Shadows）	光源是否应投射任何阴影
投射静态阴影（Casts Static Shadows）	光源是否应从静态对象投射阴影。此外，要求将投射阴影（Cast Shadows）设置为真（True）
投射动态阴影（Casts Static Shadows）	光源是否应从动态对象投射阴影。此外，要求将投射阴影（Cast Shadows）设置为真（True）
间接光照强度（Indirect Lighting Intensity）	按比例缩放来自该光源的间接照明贡献。如果该值为 0，将禁用来自该光源的任何全局照明（GI）
体积散射强度（Volumetric Scattering Intensity）	该光源的体积散射的强度。它缩放强度（Intensity）和光源颜色（Light Color）
投射体积阴影（Cast Volumetric Shadow）	光源是否投下体积雾（Volumetric Fog）阴影

2. 天空光照属性(表3-14)

表3-14 天空光照属性

属性	说明	
源类型(Source Type)	是采集远处场景并将其作为光源还是使用指定的立方体贴图。采集场景时,任何与天空光照位置的距离超过 Sky Distance Threshold 的部分都将被包括在内	
	SLS 采集场景(SLS Captured Scene)	从采集的场景构造天空光照。任何与天空位置的距离超过天空距离阈值(Sky Distance Threshold)的部分都将被包括在内
	SLS 指定立方体贴图场景(SLS Specified Cubemap)	从指定的立方体贴图构造天空光照
立方体贴图(Cubemap)	如果源类型(Source Type)设置为 SLS_SpecifiedCubemap,指定天空光照要使用的立方体贴图	
源立方体贴图角度(Source Cubemap Angle)	当源类型(Source Type)设置为 SLS 指定立方体贴图(SLS Specified Cubemap)时,为旋转源立方体贴图的角度	
立方体贴图分辨率(Cubemap Resolution)	经过最顶级处理的立方体贴图 MIP 的最大分辨率。它还必须是 2 次幂的纹理	
天空距离阈值(Sky Distance Threshold)	与天空光照的距离,在此处,任何几何体都应被视为天空的一部分(也为反射采集所使用)	
仅采集自发光(Capture Emissive Only)	仅采集自发光材质。跳过所有照明,使采集更便宜。当使用采集每一帧(Capture Every Frame)时,建议使用此方法	
下半球为纯色(Lower Hemisphere is Solid Color)	是否所有来自下半球的照明都应设置为零。这有助于防止从下半球泄漏	
重新采集场景(Recapture Scene)	当天空光照 Actor 设置为 SLS_CapturedScene 时,将重新采集天空光照用来照亮场景的图像	

第 4 章
样板间灯光效果实战

学习目标：

★ 掌握如何处理 2 套 UV 和 3D 模型导出。
★ 了解不同光源之间的相互运用。
★ 掌握室内光照流程。
★ 掌握光照构建流程。
★ 了解细节光照与阴影的处理办法。
★ 掌握后期处理体积的参数使用。

在本章中，将了解有关在 UE4 中处理照明的基础知识，包括使用大气照明和定向照明创建一个简单的天空盒并点亮关卡、使用点光源和聚光源点亮房间、更改光照质量、在房间里使用反射光照等知识。

在进行光照实战之前，需要先准备一套室内房间的模型，在许多网站中有类似的资源，可以搜索并加以利用。使用 3ds Max 打开模型后，先检查是否有渲染器设置，将模型导入 UE4 中是不需要 3D 建模软件中的渲染设置的。如果渲染过，则把模型重新赋予基础材质或者导出 OBJ 格式文件重新打开。

※ 4.1 室内模型的导入

4.1.1 2 套 UV 的展开

模型在导入前，需要展开 2 套 UV，如图 4-1 所示。

图 4-1 模型 2 套 UV 展开

如图 4-2 所示，选中物体，打开修改工具栏。

图 4-2 修改工具栏

如图 4-3 所示，选择"UVW 展开"命令。

图 4-3 "UVW 展开"命令

如图 4-4 所示，选择"面"级别。

图 4-4 "面"级别

如图 4-5 所示，打开 UV 编辑器。

图 4-5 UV 编辑器

如图 4-6 所示，选择一个新的贴图通道。

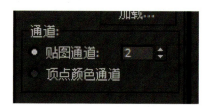

图 4-6 更换通道

4.1.2 模型的导入

模型可以通过"导入"选项进行导入，也可以直接拖进虚幻引擎中的内容浏览器进行导入。

※ 4.2 漏光与补光

4.2.1 模型漏光

模型在导入后，可能会出现光线穿透模型的情况，这种错误现象称为模型漏光，如图 4-7 所示。模型漏光

图 4-7 漏光现象

有很多种原因，可能是模型之间有接缝，也可能是模型是面片而导致透光，还有可能是因为材质没有双面显示，甚至有些模型本身有错误信息，从而不能和光线有互动。

4.2.2 补光

遇到模型有漏光现象时，需要用盒体把漏光的部分掩盖起来。

在"基本"栏中找到 Cube 盒体来充当遮挡物，如图 4-8 所示。

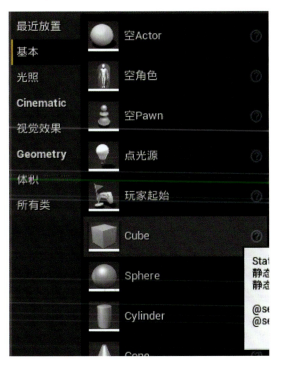

图 4-8 拖动 Cube

如图 4-9 所示，然后通过 Cube 缩放和位置变换把漏光的部位遮挡起来。

如果挡住之后还有光线透出，就用多个 Cube 把房子不需要光线渗透的部位全部包裹起来，如图 4-10 所示。假如使用这种方法后还有透光，就再重复一遍包裹的过程，直到不再透光为止。

图 4-10 四周包围 Cube

※ 4.3 光照的构建

4.3.1 室外光线

简单的室外光线如图 4-11 所示，主要是由定向光源、天空光源控制各自的参数来达到效果。定向光源模拟太阳光，天空光源主要模拟天空的漫反射。

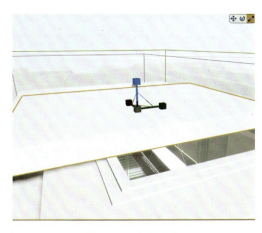

图 4-9 变换大小

图 4-11 光源

当场景有了模拟的天空光后，观察场景，发现场景偏暗，没那么明亮。

从工具栏中拖曳出聚光灯（Spotlight）到场景中。

调节光源正确的照射方向，移动到光源位置。在此例中，将聚光灯移动到窗户位置，达到模拟日光的效果。当然，要深度模拟日光，不是一盏聚光灯能实现的，需要在窗户上平铺摆放聚光灯，这样更加接近现实。同时，光线的强弱可以通过调节聚光灯的光强度参数实现，如图4-12所示。接下来就需要耐心地摆放和调节灯光的强度了。

图4-14 烘托气氛

厅一角放置了一份古董之类的特色物体，往往会在此物上加盏灯，以突出其存在感。

图4-12 光线补足

4.3.2 室内光线

室内光线的设计主要分为如下三步。

第一步：照亮空间，放置主灯，如图4-13所示。

图4-15 突出重点

在有需要时，可以在物体的侧面进行光照烘托，如图4-16所示。

图4-13 主光源

第二步：区分空间，烘托气氛，如图4-14所示。现实中，客厅一般会采用明亮的光源，卧室采用偏暖的光源。

第三步：突出重点，如图4-15所示。例如，如果客

图4-16 侧面打光

4.3.3 光照构建

在设置完灯光后，要进行构建才能实现光照贴图的

烘焙，未构建的灯光只是预览灯光，有时在构建的灯光中会出现"Preview"字样，提示光照还未构建。此时视口左上角也会出现红色小字，提示尚未进行光照构建的物体有多少个。

有几种方法可以缩短全局光照构建时间：

①只有高频率（快速变化）照明区域才有高分辨率的光照图。减少笔刷表面和静态网格体的光照图分辨率，这些表面和网格体不在直接光照范围内，或不受到清晰间接阴影的影响。这将在最明显的区域给出高分辨率的阴影。

②对玩家来说，永远不可见的表面应该设置尽可能低的光照图分辨率。

③使用全局光照重要性体积来包含最重要的区域（仅在可玩区域附近）。

④优化整个贴图的光照图分辨率，使网格体的构建时间更加均匀。无论有多少台机器在进行分布式构建，照明构建的速度都不能快于最慢的单个对象。为了避免大的网格体占用大部分照明构建效率，使用高分辨率的光照贴图。如果将它们分解成更模块化的部件，特别是在具有许多核心的机器上，那么构建时间将会更短。

⑤有很多白遮挡的网格体需要更长的时间来构建，例如，有许多层相互平行的地毯比平坦的地板需要更长的时间来构建。

4.3.4 光照质量

可以做的另一件事是通过添加一个"Lightmass Importance Volume"，如图4-17所示，来集中关注要照亮的重要区域所在位置。

图4-17 添加光照重要性体积

按图4-18所示设置其位置变换。

图4-18 位置变换

变换该体积的结构大小，如图4-19所示。

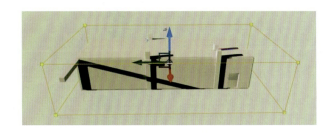

图4-19 变换大小

4.3.5 光照反射

要创建一个更真实的外观，可以使用"Reflection Capture"（反射捕获）Actor 从表面反射光线。

首先，给公寓添加一些材质，而不是使用默认材质。

在"Modes"（模式）菜单的"Visual Effects"（视觉效果）下，如图4-20所示，将一个"Box Reflection Capture"（盒体反射捕获）拖到关卡视口中。

图4-20 添加反射盒子

在"Details"（详细信息）面板中，按图4-21所示位置变换。

图4-21　位置变换

如图4-22所示,同时将"Box Transition Distance"(盒体变换距离)设置为1.0。

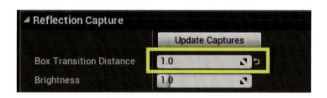

图4-22　变换距离设置

如图4-23所示,在浴室可以看到盒体反射捕获如何影响地块表面。

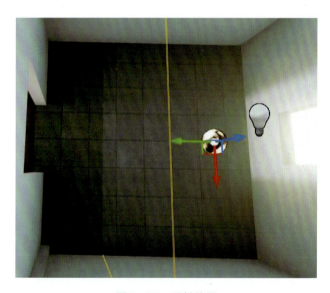

图4-23　反射效果

复制盒体反射捕获,调整大小并将其放置在公寓的其他平铺区域上,单击"Build"(构建)图标来构建照明。

※ 4.4　阴影分辨率的调整

4.4.1　阴影的错误

在光照构建完成之后,会出现一些阴影的错误,如图4-24所示。可能是由于光照分辨率的不足导致了部分阴影呈现较大的锯齿状,有些光照的延伸性没有得到很好的效果,这时需要对细节的阴影进行处理。

图4-24　阴影错误

4.4.2　光照分辨率

打开模型的静态网格物体属性,如图4-25所示。

图4-25　光照属性打开

修改光照分辨率的大小可以改变阴影的精细度,如图4-26所示,选择合适的数值可以更好地展现光影的效果。

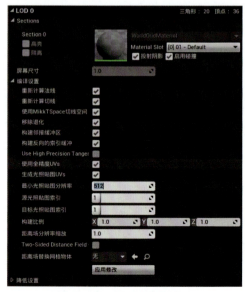

图4-26　光照分辨率修改

使用高分辨率的纹理光照图是获得清晰、高质量照明的最好方法。使用高光照图分辨率的缺点是占用更多纹理内存和增加构建时间，所以需要做一个权衡。理想情况下，场景中的大部分光照图分辨率应该分配在高视觉影响区域和有高频阴影的地方。

※ 4.5 后处理体积

4.5.1 后处理体积简介

如图 4-27 所示，"Post Process Volume"（后处理体积）提供了后处理特效的功能，美术人员和设计人员能够调整整个场景的视觉体验。这些元素和效果包括 Bloom、环境光遮挡及色调映射。

图 4-27　后处理体积效果

1. 后处理体积

后处理体积是一种特殊的体积，用于放置在场景关卡中。由于 UE4 不再使用后处理链，这些体积目前是用于控制后处理参数的唯一手段。这套新系统目前尚未完全完成，将会更多地开放可编程能力，但希望大部分情况都能被这套系统妥善处理。这将让美术/策划人员更容易使用，并让程序员更容易来优化。

在 UE4 中，每个后处理体积实质上是一个类型的混合层。其他混合层可以来自游戏代码（比如命中特效）、UI 代码（比如暂停菜单）、摄像机（比如暗角效果），或者 Matinee（旧胶片效果）。每个混合层都能有自己的权重值，这样混合效果容易控制。

混合的做法始终是 Lerp（线性插值），当前启用的体积将会参与混合。一个后处理体积只有当摄像机在该体积内时才会参与混合，除非体积的"Unbound"选项被勾选，这时该体积作用于整个场景。

2. 属性

在后处理体积中，各属性说明如下：

Settings：体积的后处理设置，大部分属性前的勾选框定义了该行的属性是否使用该体积的权重参与混合。

Priority：当多个体积重叠时，定义它们参与混合的次序。高优先级的体积会被当前重叠的其他体积更早计算。

Blend Radius：体积周围基于虚幻单位的距离，用于该体积开始参与混合的起始位置。

Blend Weight：该体积的影响因素。0 代表没有效果，1 代表完全的效果。

Enabled：定义该体积是否参与后处理效果。如果勾选，该体积则参与混合计算。

Unbound：定义该体积是否考虑边界，如果勾选，该体积将作用于整个场景而无视边界；如果没有勾选，该体积只在它的边界内起效。

4.5.2 颜色分级

颜色分级如图 4-28 所示，用于变更或增强场景的总体照明颜色。随着 HDR 显示器的出现，在处理前保持颜色原有的色彩变得非常重要，这样可以确保正确显示颜色。

图 4-28　颜色分级

颜色分级在场景引用的线性空间中完成其工作，这意味着所有颜色都是先捕捉，再进行色调映射的，这样就可以根据任何颜色校正，仅调节一个 HDR 显示器上的颜色，然后再输出图像，此时所有显示器都能正确显示。

可用设置属性见表 4-1。

表 4-1　可用设置

属性	说明
白平衡	该部分中的属性用于调节场景中的颜色，以便白色呈现出真正的白色。这样在指定光照条件下，能够正确照亮场景中的其他颜色
色温（Temp）	该属性调节与场景中的光线温度有关的白平衡。光线温度与该属性匹配时，光线呈现为白色。使用的值高于场景中的光线时，会产生"暖色"或黄色，相反，如果值低于场景光线，则产生"冷色"或蓝色
色调（Tint）	该属性通过调节青色和洋红色范围来调整场景的白平衡温度色调。理想状态下，调节白平衡色温（Temp）属性后，应使用该设置来获得正确的颜色。在某些光线温度下，颜色可能会看起来更黄或更蓝。该属性可以用于平衡所产生的颜色，让颜色看起来更自然一些
全局	该部分中的属性是可以用于场景的一组全局颜色校正

续表

属性	说明
饱和度（Saturation）	该属性调整表现颜色（色调）的强度（纯度）。饱和度越高，颜色看起来越接近原色（红色、绿色、蓝色）；饱和度降低时，颜色的灰色或褪色效果变得明显
对比度（Contrast）	该属性将调节场景中光线和深色值的色调范围。降低强度会去除高亮，让图像显得更亮，营造出一种褪色效果，而强度提升会加强高亮，让整体图像变暗
伽马（Gamma）	该属性将调节图像中间色调的亮度，以准确重现颜色。减小或增大该值，会让图像呈现出褪色或过暗的效果
增益（Gain）	该属性调节图像白色（高亮）的亮度，以准确重现颜色。增大或减小该值，会让图像呈现出褪色或过暗的效果
偏移（Offset）	该属性将调节图像黑色（阴影）的亮度，以准确重现颜色。增大或减小该值，会让图像阴影呈现褪色或过暗的效果

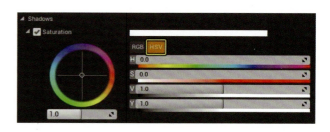

图 4-30　HSV 模式

还可以在以下模式中选择：
RGB：该选项调节红色、绿色、蓝色值。
HSV：该选项调节色调和饱和度值。

4.5.3　色调映射

色调映射功能是将广泛的高动态范围（HDR）颜色映射到显示器能够输出的低动态范围（LDR）。这是后期处理的最后一个阶段，经过法线渲染后，这个过程在后期处理期间执行。可以将色调映射的过程想象成一种模拟胶片对光线的反应的方法。

可用设置属性如图 4-31 所示。

图 4-31　可用设置

色调映射器（Tone Mapper）部分中，会看到与 ACES 标准化相符的属性，如图 4-32～图 4-36 所示。

在每个部分下面，可以使用色轮来选择和拖动颜色值，如图 4-29 和图 4-30 所示。

图 4-29　RGB 模式

斜面（Slope）　该属性调整用于色调映射器的S曲线的坡度，值越大，斜坡越陡（越深），值越小，斜坡越平缓（越浅）。值在范围[0.0, 1.0]中

图 4-32　斜面设置

| 末端 (Toe) | 该属性调节色调映射器中的深色。值在范围[0.0, 1.0]中 |

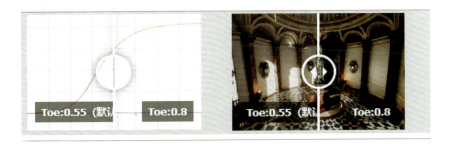

图 4-33　末端设置

| 肩部 (Shoulder) | 该属性调节色调映射器中的亮色。值在范围[0.0, 1.0]中 |

图 4-34　肩部设置

| 黑色调 (Black Clip) | 该属性设置当黑色开始截断其值时发生交叉的位置。一般来说，**不应调整该值**。该值在范围[0.0, 1.0]中 |

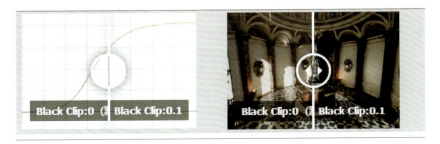

图 4-35　黑色调设置

| 白色调 (White Clip) | 该属性设置当白色开始开始截断其值时发生交叉的位置。在大多数情况下会呈现出细微变化。该值在范围 [0.0, 1.0] 中 |

图 4-36　白色调设置

4.5.4 人眼适应

人眼适应，如图 4-37 所示，又称自动曝光，会让场景曝光自动调整，以重建犹如人眼从明亮环境进入黑暗环境（或相反）时所经历的效果。

可用设置属性见表 4-2。

图 4-37 人眼适应

表 4-2 可用设置

属性	描述
百分比谷值	人眼适应将会适应从场景颜色的亮度柱状图中提取的值。该值定义了为寻找平均场景亮度而设计的柱状图的谷值百分比值。防止图像对明亮部分的限定，这样会忽略大部分黑暗区域，例如，80 表示忽略 80% 的黑暗区域，这个值的范围是 [0, 100]。在 70~80 之间的值能返回最佳效果
百分比峰值	人眼适应将会适应从场景颜色的亮度柱状图中提取的值。该值定义了为寻找平场场景亮度而设计的柱状图的峰值百分比。可以舍去一些百分比，因为有一些明亮的像素是没问题的（一般为太阳等物体）。这个值的范围是 [0, 100]。在 80~98 之间的值能返回最佳效果
Min Brightness（最小亮度值）	此值限制了人眼适应的亮度值下限。该值必须大于 0 且必须 ≤ Eye Adaptation Max Brightness（人眼适应最大亮度值）。实际值取决于该内容使用的 HDR 范围
Max Brightness（最大亮度值）	此值限制了人眼适应的亮度值上限。该值必须大于 0 且必须 ≥ Eye Adaptation Min Brightness（人眼适应最小亮度值）。实际值取决于该内容使用的 HDR 范围
Speed Up（加速）	从黑暗环境到明亮环境后对环境的适应速度
Speed Down（减速）	从明亮环境到黑暗环境后对环境的适应速度

人眼适应基于柱形图并使用如下方式：

假设 Eye Adaptation Low Percent（人眼适应的百分比谷值）为 80%，Eye Adaptation High Percent（人眼适应的百分比峰值）为 95%。

现在搜寻柱状图，查找两个值：80% 的屏幕像素暗于亮度值 A，95% 的屏幕像素暗于亮度值 B。A 与 B 间的平均值为当前场景光照值（C）。

随着时间推移，眼睛将会适应该值。适应黑暗环境一般要花更长时间，所以设置了两个值进行调整：Eye Adaption Speed Up（人眼适应加速）和 Eye Adaption Speed Down（人眼适应减速）。

为使人眼不对非常黑暗或明亮环境完全适应，把人眼的适应值限定在一个定义的范围内：Eye Adaptation Min Brightness（人眼适应最小亮度）和 Eye Adaptation Max Brightness（人眼适应最大亮度）。

4.5.5 镜头眩光

镜头眩光（Lens Flare）特效是一种基于图像的技术，它可以模拟在查看明亮对象时的散射光，如图 4-38 所示，此模拟的目的是弥补摄像机镜头缺陷。

图 4-38 镜头眩光

可用设置属性见表 4-3。

表 4-3 可用设置

属性	描述
Tint（着色）	对整个镜头眩光特效着色
Threshold（阈值）	定义了构成镜头眩光像素的最小亮度值。更高的阈值会保留因太暗而无法看见的内容，使之不会变得模糊，改善随着超过阈值的像素数量而线性增加的填充率性能消耗所造成的性能损失

续表

属性	描述
Bokeh Size（散景尺寸）	缩放散景形状的半径。可用于基于镜头眩光的外观和性能表现来调整图像
Bokeh Shape（散景形状）	用来定义镜头眩光形状的贴图
Lens Flare Tints（镜头眩光着色）1/2/3/4/5/6/7/8	对每个单独的镜头眩光着色
Intensity（强度）	封装了镜头眩光（线性）的图像的亮度标度

4.5.6 泛光

泛光（Bloom）是一种现实世界中的光现象，如图4-39所示，通过它能够以较为适度的渲染性能成本极大地增加渲染图像的真实感。用肉眼观察黑暗背景下非常明亮的物体时，会看到泛光效果。亮度更高的物体还会造成其他效果（条纹、镜头光斑），但这些效果不在经典的泛光效果范畴内。显示器（电视、TFT屏等）通常不支持HDR（高动态范围），因此，实际上无法渲染太亮的物体，于是模拟了当光线射到胶片（胶片次表面散射）或摄像机前（乳白色玻璃滤光片）时，眼睛中出现的效果（视网膜的次表面散射）。这种效果不一定符合实际情况，但它可以帮助表现对象的相对亮度，或者给屏幕上显示的LDR（低动态范围）图像添加真实感。

图4-39 泛光

通过改变模糊效果的组合方式，可以进行更多的控制，取得更高的质量。

可用设置属性见表4-4。

表4-4 可用设置

属性	说明
强度（Intensity）	线性调节整个泛光效果的颜色。可用于随着时间的推移而淡入或淡出、变暗  0.0　1.0　5.0
阈值（Threshold）	定义了单一颜色需要多少亮度单位才能产生泛光。除了阈值之外，还有一个线性部分（1个单位宽度），其中的颜色仅部分地影响泛光。如果希望场景中的所有颜色都参与泛光效果，需要使用数值-1。可用于对某些不真实的HDR内容、梦序进行调整
#1/#2/#3/#4/#5 着色（1/#2/#3/#4/#5 Tint）	修改每个泛光的亮度颜色。如果使用黑色，尽管不会使得渲染速度加快，但也是可以的
#1/#2/#3/#4/#5 尺寸（1/#2/#3/#4/#5 Size）	以屏幕宽度的百分比表示的尺寸  #1　#2　#3　#4　#5

4.5.7 泛光尘土蒙版

泛光尘土蒙版（Bloom Dirt Mask）效果使用纹理来增亮某些已定义屏幕区域的泛光。它可以用于创建战地摄像机图像、更令人印象深刻的HDR效果或摄像机瑕疵图像。

要启用泛光尘土蒙版，请在后期处理体积（Post Process Volume）的镜头（Lens）部分中启用尘土蒙版纹理（Dirt Mask Texture）选项。使用纹理（Texture）选项将纹理应用于尘土蒙版。

可用设置属性如图 4-40 所示。

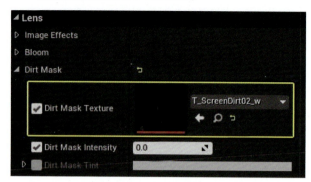

图 4-40　可用设置属性

如图 4-41 所示，尘土蒙版纹理（Dirt Mask Texture）指定要用于尘土蒙版的 Texture 2D。注意，此属性不能与其他后处理体积混合。

图 4-41　尘埃效果

尘土蒙版强度（Dirt Mask Intensity）：线性调整泛光尘土蒙版效果的颜色。此属性用于调整尘土蒙版的亮度。

尘土蒙版着色颜色（Dirt Mask Tint Color）：用于使尘土蒙版纹理更暗或着色。它可以用于调整尘土蒙版的亮度和颜色。

4.5.8　景深

景深（DOF）基于焦点前后的距离对场景应用模糊，与现实相机的原理类似，如图 4-42 所示。该效果可将观察者的注意力调动到基于深度的特定物体镜头上，同时添加美学观感，使渲染拥有照片或电影般的效果。

图 4-42　景深效果

1. 景深的实现

景深分为 3 个层：近景、远景和焦距区。如图 4-43 所示，这 3 个层将被单独处理，之后再进行组合来获得最终效果。近景与远景层中的物体（未在焦距区的物体）将为完全模糊状态。这些层会与非模糊场景进行混合。

图 4-43　景深原理

焦距区（黑色）中的物体使用非模糊场景的层。

在近景（绿色）或远景（蓝色）层中，处于过渡区之外的物体将和模糊图层进行完全混合。

过渡区中的物体基于过渡区中的位置在非模糊场景层和其模糊层之间进行线性混合。

2. 高斯景深

景深方法使用标准的高斯模糊（也叫高斯平滑），如图 4-44 所示，函数对场景进行模糊处理。高斯景深使用固定大小的高斯模糊核对前景和背景进行模糊处理。在移动设备等低端硬件上，它的速度非常快。在非常注重性能的场合，它可以在降低开销的情况下保持高性能。

3. 查看景深

可以使用关卡视口中的"Depth of Field Layers"（景

图 4-44 高斯景深

深图层）显示标志来使包括过渡区在内的图层可视化，该显示标志位于"Show"（显示）→"Visualize"（可视化）下。

通过包含属性和其当前设定值，使景深图层可视化，也可以可视化与所选择的 DOF 方法相关的有用信息。

4. 对焦距离

Focal Distance（对焦距离）表示对焦区域和捕捉的视角。焦距越长，景深越浅，对焦区域外的对象越模糊；焦距越短，景深越大，聚焦越准确，并且失焦的对象越少。光圈数值可以保持不变，更改透镜尺寸将调整景深效果的深浅。

可用设置属性见表 4-5。

表 4-5 可用设置

属性	说明
在移动设备上启用高质量高斯 DOF（High Quality Gaussian DOF on Mobile）	在高端移动平台上启用高质量高斯景深
对焦距离（Focal Distance）	景深效果锐化的距离。该值以虚幻单位（厘米）衡量

续表

属性	说明
近过渡区（Near Transition Region）	从对焦区域较近的一边到摄像机之间的距离（以虚幻单位计）。当使用散景或高斯 DOF 时，场景将从对焦状态过渡到虚化状态
远过渡区（Far Transition Region）	从对焦区域较远的一边到摄像机之间的距离（以虚幻单位计）。当使用散景或高斯 DOF 时，场景将从对焦状态过渡到虚化状态
对焦区域（Focal Region）	从对焦距离（以虚幻单位（厘米）衡量）之后开始，所有内容均处于对焦状态的虚拟区域
近景模糊尺寸（Near Blur Size）	高斯 DOF 的近景模糊的最大尺寸（以视图宽度的百分比计）。请注意，性能消耗按尺寸计算
远景模糊尺寸（Far Blur Size）	高斯 DOF 的远景模糊的最大尺寸（以视图宽度的百分比计）。请注意，性能消耗按尺寸计算
天空距离（Sky Distance）	使天空盒能够对焦的虚拟距离（例如，200 000 单位），如果数值小于 0，该功能将被禁用。请注意，该功能可能会带来性能成本
晕映尺寸（Vignette Size）	用于对超出半径的内容进行（近景）模糊处理的虚拟圆形遮罩（以视图宽度的百分比为直径计）。如果使用该遮罩，将会带来资源优化成本

第 5 章
《雪顶密林》项目案例解析

在虚幻形式中搭建一个游戏场景，需要考虑很多方面的问题，准备工作尤为重要。如果没有任何规划就盲目开始，很可能导致最后得到的成果并不能满足实际需求。本章将举例说明如何在循环引擎中搭建游戏场景。

※ 5.1 准备工作

5.1.1 场景大小

当需要搭建一个游戏场景时，首先要认真分析需要的是什么类型，因为场景的类型很大程度上决定了要多大的地形。本章将以一个可以满足 3D 漫游的场景为例，按流程阐述如何建造一个完整的场景。

5.1.2 场景风格

作为一款漫游类的场景，基本规则就是玩家能够从漫游起点走向终点，那么重点就是漫游的过程，因此所需的场景不能太小，否则可能会因为漫游时间太短，使是玩家并不能很好地体会到漫游所带来的娱乐性。因此，要仔细思考想要做一款什么样的场景，场景中大概有多少内容，大概需要多大的地形来承载这些内容。也可能不需要一个地形，比如想要建立一个空中花园，那么可能需要一个倒锥形的岛屿模型，甚至可以自己建立地形。

接下来要做的工作是确定场景风格，比如是接近现实风格的场景还是卡通风格的场景，想让玩家感受到的是恐惧还是兴奋，想做成冬天的感觉还是夏天的感觉等。

任何一个场景都有一个主要的风格。不同的风格带给体验的人不同的感受，需要通过分析类型来为场景确定一个主要的风格。如山地森林场景首先能想到的大概是一片森林，还有山和树，然后把气候定在冬天，天气是阴天。既然是森林，就不需要现代化的模型，而是更能使人与世隔绝的这种类型的模型。

5.1.3 确定模型

确定了风格之后，就可以去确定场景模型了。在虚幻引擎中，使用的模型一般有两个主要来源：一是使用自己创建的模型，但需要的模型最好经过优化三角面和顶点数量尽可能少，否则会非常占有资源，还可能引起虚幻引擎的崩溃；二是在循环引擎商城中购买其他人制作好的虚幻引擎素材包，从而可以在搭建场景时使用其中的素材。当然，在其他的论坛或网站中也可以找到许多的资源包，可以使用这些免费的资源素材。

5.1.4 场景规划

准备好所需的素材包之后，只剩下最后一个也是最重要准备步骤，即为场景做一个大致的规划。比如要进入一座城市，则需要规划出哪里是城市的市中心，哪里是工业区，哪里是郊区；如果要创建一个室内场景，则要规划出哪里是客厅，哪里是卧室；要做一款漫游场景，就要对大概的路线有一个想法。在没有规划的情况下盲目开始，很可能会导致最后建造的场景看起来杂乱无章，没有主次，不能给玩家带来良好的体验。所以，在真正动手之前，最好绘制一幅规划图标，标出场景的主要路线、场景的出行区域、起点和终点的位置等。

※ 5.2 地形编辑器的介绍与使用

5.2.1 地形的创建

单击模式栏上的地貌系统，选定一个材质，单击拖进进行引用，单击"创建"按钮进行地形创建，如图 5-1 所示。

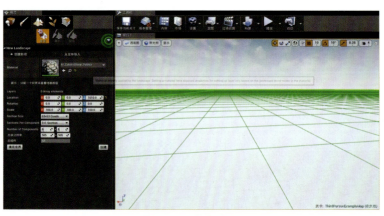

图 5-1 创建地形

5.2.2 资源包导入

本次地形的创建需要导入所需的资源包，导入资源包的方法为：在内容浏览器文件夹目录中右击"Show in 浏览器"，找到"Content"文件夹目录，如图 5 – 2 和图 5 – 3 所示。

图 5 – 2　右击"Show in 浏览器"

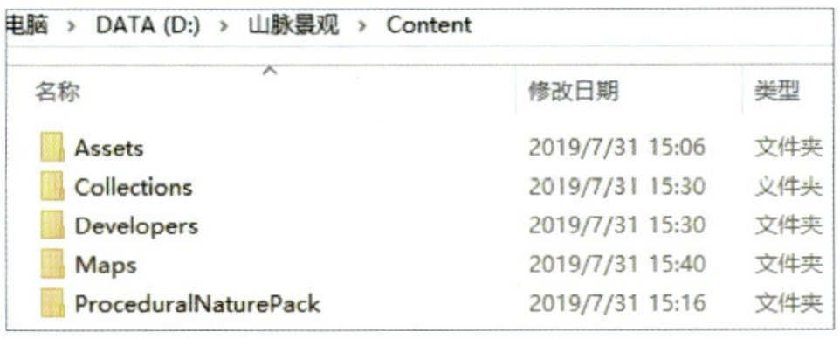

图 5 – 3　Content 文件夹打开

将资源包文件放在 Content 文件夹下就可以了。回到引擎界面就会发现资源包的文件夹已经显示在列表中了。

创建后的地形如图 5 – 4 所示，地形被选定的材质铺满，现在可以用地形工具进行地形创作了。地形工具拥有三个模式，可以通过地形工具窗口顶部的图标进行使用。

5.2.3 地形工具

地形工具如图 5 – 5 所示。

图 5 – 5　地形工具

1."管理"模式

用于创建新地形，并修改地形组件。在管理模式中，可利用地形小工具进行复制、粘贴、导入和导出地形的操作。

单击"管理"按钮，然后单击选择工具，会出现一系列管理选项。

新建地貌：重新创建一个地貌层。

选择：选择单一的一块地貌。

添加：添加单一的一块地貌。

删除：删除所选择的地貌。

编辑样条曲线：用于编辑长条状的场景需求。

2."雕刻"模式

可以通过特定工具的选择和使用进行地形形状的修改。所有的工具都是运用鼠标左键单击地形表面进行运用的。

单击"雕刻"按钮，然后选择雕刻工具，会出现一系列的雕刻工具选项。

雕刻：雕刻地形，使地形隆起，丰富形状。

平滑：使地形区域趋于平缓。

平整：使附近地形统一高度。

斜坡：在地形中创建一个斜坡。

腐蚀：腐蚀地形，使地形丰富形状。

噪点：随机地形。

图 5 – 4　初始地形

Tool Strength：画刷强度，调整画刷整体的应用强度。
Brush Size：画刷大小，调整画刷的大小。
Brush Falloff：画刷衰减比率，调整画刷边缘的应用强度。

单击"循环画刷"按钮，会出现一系列画刷工具选择。

循环：普通画刷，简单的圆形画刷。
Alpha：使用画刷描画，调整图像蒙版方向。

图案：按选定的图案，在整个地貌中平铺蒙版图案。
组件：以地形块为单位，作用于每个地形块。

3. "描画"模式

可以基于地形材质中定义的层在地形上绘制纹理，从而实现对外观的修改，如图5-6和图5-7所示。描画工具中包含多种地形图层，在选用图层时，先打开图层应用，勾选图层。接着就可以描画了。在参数中可以调整画刷的强度和大小，根据需求调整。

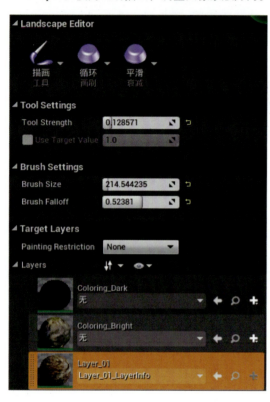

图5-6 "描画"模式

图5-7 描画图层

※ 5.3 地形实践

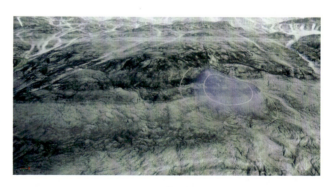

图5-8 改变地形

在建立地形时，使用较大的雕刻工具，用鼠标左键单击地形，将山的大致形状雕刻出来，如图5-8所示。使用Shift+鼠标左键可以使地形下陷。在这里可以略微增大笔刷的强度值，这样在地形变形程度较大时使用更方便，从而能够更快地将地形高度增加到想要的位置，同时要保持画刷的衰减值，不要太大，也不要太小，这样得到的山体最高点和最低点的过渡就相对更平缓自然。在不改变笔刷大小的情况下，就能做出山地大致的感觉。只要沿着地形，将它们整体增高就可以了。

接着调整画刷大小。缩小画刷，用平滑工具将棱角不合理的地方消磨掉，如图5-9所示。要注意，较大的

笔刷可以更大范围地衰减，并且衰减更加平滑，小的笔刷反而不好控制，所以，在用平滑工具的时候，需要增大笔刷大小，还要减小笔刷的力度。减小笔刷力度是为了防止整体山坡的高度差变化太大，使山体略微有起伏即可，在这种情况下，较小的笔刷力度更好控制。

如果需要创建平地，可以使用平整工具，如图5-10

需要创建较大斜坡的时候，可以使用斜坡工具。如图 5-11 所示。按住 Ctrl 键，单击鼠标左键创建第一个斜坡点，作为斜坡的起点。然后按住 Ctrl 键，单击鼠标左键创建另一个斜坡点，作为斜坡的终点。最后单击"添加斜坡"按钮就完成了本次创建，如图 5-12 所示。

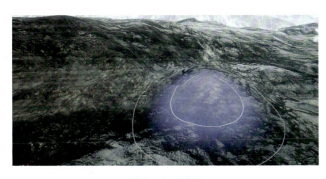

图 5-9 平滑

所示。平整工具可以使所单击的地形的高度扩散到其他区域上，使其成为一个平整的平面。

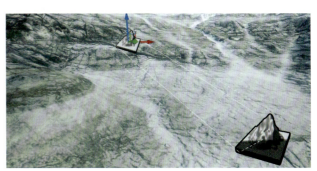

图 5-11 添加斜坡

当然，并不是所有地方都能用到斜坡工具，此处只是举例说明。

最后运用腐蚀工具在地形表面添加更多的细节，这里要注意腐蚀工具的强度通常较大。用相对较小的笔刷将山体的细节雕刻出来，使山体的形状更加多变，如图 5-13 所示。

图 5-10 平整地形

图 5-12 斜坡创建

统一大小的笔刷刷出来的效果缺乏多样性，细节会太过一致，所以在用大笔刷刷出了整体山体的形状之后，要用小一些的笔刷进行细节处理，使整个场景看起来更加真实。

接着到描画模式中使用描绘工具把地形细节变得更加丰富，如图 5-14 所示。

可以使用描画模式中的草地将主要的路线隔离出。这里做的是漫游场景，所以不需要太大的笔刷画路线，用较小的笔刷画出一条小径，供行人通过即可，如图 5-15 所示。

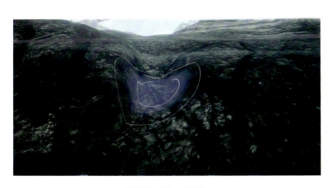

图 5-13 腐蚀

图 5 – 14　描画模式

图 5 – 15　描绘道路

将需要由雪面覆盖的部分用雪地材质刷上，如图 5 – 16 所示。注意路线两旁的景色可以多变一些，可以两侧都是山体，或者一侧山体、一侧悬崖，或者一侧山体、一侧水面，取决于场景需求。

图 5 – 16　描绘雪地

需要注意的是，路线两旁的景色属于近景，如图 5 – 17 所示，玩家可以近距离观察到，所以近处的山体造型要更加细致，和远处不同，远处的山体造型可以简单一些，要让玩家看不到场景的镜头，但也不能有不自然的感觉。

图 5 – 17　景色搭配

※ 5.4　场景素材整理

模型是可以放置在关卡中的任意对象，素材就是模型。在 UE4 中，其称为静态网格物体。有了大环境之后，就可以从素材包里拖动模型到场景上进行摆放，只是应该参考在准备工作中画好的规划图，把模型摆放在规划好的区域内。

在视图中添加模型的方法很简单，只要在内容浏览器中选中需要的模型，直接将它拖动到场景中即可，如图 5 – 18 和图 5 – 19 所示。这里以资源包中的模型为例。

被选中的物体周围会被黄色的线框包住，此时可以对它进行编辑。视图窗口上方有一排编辑场景中物体所用的工具，如图 5 – 20 所示。左侧第 1 个为移动工具，激活该工具时，可以选择任意一个轴向，向该方向移动物体。

此时移动物体，最小一次移动 10 厘米，可以通过改变工具旁边的数值来改变这一单位。

也可以单击橘黄色的网格工具，取消使用最小移动值。第 2 个为旋转工具，可以选择另一个走向来旋转模型，如图 5 – 21 所示。

同样，右侧旋转网格物体可以设置旋转度数的最小值。

左侧第 3 个为缩放工具，可以选择物体的任意一个走向来缩放任意比例，如图 5 – 22 所示。在右侧的缩放网格中，可以设置最小的缩放比例。

当然，也可以根据模型的面或整体进行缩放。

最后一个图标看起来像移动的摄像机的工具，用来设置拖动鼠标中键或按住上、下、左、右方向键，在世

图 5 – 18　模型选定

图 5 – 19　模型移动

图 5 – 20　编辑工具

图 5 – 21　模型旋转

图 5 – 22　模型缩放

界视图中移动时的速度，如图 5 – 23 所示。这个数值越大，移动的速度越快。

图 5 – 23　摄像机速度

选中物体之后，同样可以在右侧细节面板中对模型的位置、旋转角度、缩放比例进行调整，如图 5 – 24 所示。

图 5 – 24　模型变换

模型的摆放需要一定的技巧，并不是摆的东西越多越好，如图 5 – 25 所示。

图 5-25 地形效果

※ 5.5 植被刷工具

接下来可以在场景中种树了。在"模式"栏中,植被模式用于种树。

参数设置如图 5-26 所示。

图 5-26 植被模式

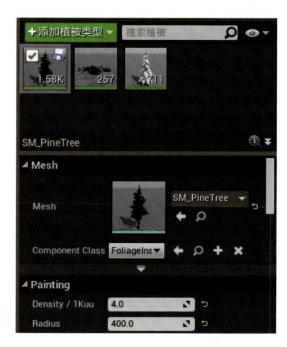

图 5-27 植被信息

图 5-28 设置"Scale x"最大值和最小值

图 5-29 垂直地形的转换

首先,将任何想要无规律、大量、快速放置在场景中的模型直接拖曳到添加植被的这个区域。添加成功后,会在该区域显示这个模型的图片,单击图片后,下面会出现一些该模型的参数,如图 5-27 所示。当鼠标光标落在模型图片上时,模型左上角的对勾表示当前模型处于被选中状态,使用地刷时,会种植该模型,而右下角的数字表示已经在场景中种植的模型数量。

在"Scale x"中可以设置最小值和最大值,如图 5-28 所示,这样可以让种植的实例模型在最大值和最小值范围内随机被摆放。

如图 5-29 所示,"Align to Normal"被勾选后,种植的模型永远垂直于地形平面摆放,取消勾选则会竖直摆放。

设置好参数后,就可以尝试种植了,在量化工具下,当鼠标光标长期做移动时,可以看到光标变成了一个透明的半圆形圆圈,单击模型将在光圈的范围内种植,如图 5-30 所示。

图 5-30 种植植被

当然,还有其他的属性可以选择,如图 5-31 所示,比如画刷尺寸,它可以用来设置这个半透明圆的大小,

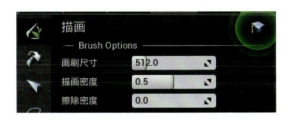

图 5-31 描画参数

也就是一次单击的种植范围。

种植密度，数值越大，一次种植的模型就越多。

擦除密度，通过勾选下方模型图片，可以擦除选中的模型。当数字为零时，同时按下 Shift 键和鼠标左键，在擦除光圈经过处，处于选中状态的所有模型实例都会被删除。

"重新应用"工具如图 5-32 所示，它允许修改已经放置在场景中的模型参数，选中想修改的模型，在该工具中设置新参数，单击已经放置在场景中的模型实例，将会用新参数编辑该模型。

图 5-33 选择工具

移动、旋转、缩放外，还可以复制和删除该实例模型。

套索工具如图 5-34 所示，它允许用半圆柄刷来刷一次，选择一个实例模型。选择工具可以在模型没有激活的情况下进行选择，而套索工具必须要激活模型才可以进行选择。

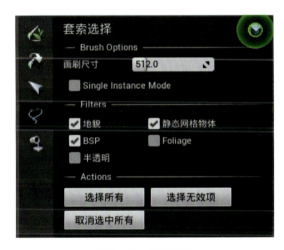

图 5-34 套索工具

图 5-32 重新应用

激活"选择"工具，如图 5-33 所示，可以对场景中选择的单个实例模型进行编辑。除了可以对模型进行

※ 5.6 场景的光照

5.6.1 添加光照

一般情况下，一个场景中至少有一个定向光源和一个天空光源，如果在场景中放置了两个定向光源，那么最好不要让两个定向光源的照射方向一致，并且其中一个定向光源的光照强度尽量小于另一个定向光源，也就是说，场景中最好只有一个主光源。

在定向光源照射不到的地方，可以根据需要添加一个或多个点光源和聚光源。这一切取决于想要怎样的环境效果。现在场景中只有一个定向光源，如图 5-35 所示。

聚光源的光照效果类似于聚光灯，照射空间呈锥形，聚光源的光照由两个锥形控制，分别是蓝色的内锥角和绿色的外锥角，内锥角的光照亮度较强，而外锥角的光线强度会随半径的增大而逐渐衰减，直到和周围的变量环境融合。两个锥体都有高度光线的射程，受圆锥高度限制，而不是照到无限远处，如图5-36所示。

图5-35　定向光源

图5-36　聚光源

点光源的发光原理类似于灯泡光线向各个角度投射，如图5-37所示，它的光线范围呈一个球形，表示点光源光线的作用范围。

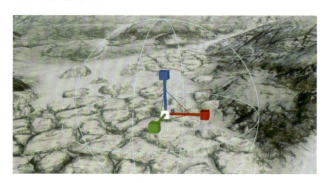

图5-37　点光源

天空光可以照亮整个环境，但光线强度较弱，如图5-38所示，它可以获取场景中的一部分，并将其作为光照效果应用于场景中。

5.6.2　光照构建

1. 添加光照渲染重要性体积

单场景中的灯光都调整完毕后，要在场景中加上光

图5-38　天空光源

照渲染重要性体积，它的位置同样在"模式"面板中，如图5-39所示。

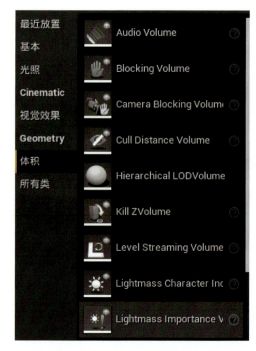

图5-39　光照渲染重要性体积

光照渲染重要性体积是一个黄色的方体线框面，如图5-40所示。把它的大小调整到刚好可以包住场景中

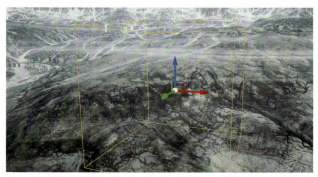

图5-40　体积大小

玩家经过的位置即可。如果设置的体积太大，则会产生不必要的计算；如果没有在场景中添加一个光照渲染重要性体积，则虚幻引擎会对所有的场景模型进行计算，同样会产生不必要的消耗。

在构建光照之前，还需要在世界设计中对光照渲染进行一些调整。在世界设置面板中找到光照渲染这一栏，其中有一些需要设置的属性。

2. 世界设置

在"World Settings"（世界设置）窗口中调整全局光照射，如图5-41所示。

可用设置属性见表5-1。

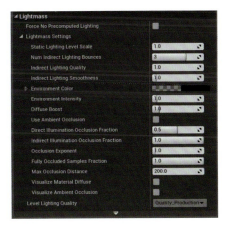

图 5-41 世界设置

表 5-1 可用设置

属性	说明
强制不使用预计算照明（Force No Precomputed Lighting）	这将使全局光照无法生成光源和阴影贴图，强制关卡仅使用动态照明
静态光源等级缩放（Static Lighting Level Scale）	关卡的比例相对于引擎的比例，1 虚幻单位 =1 cm。这可用于确定在照明中计算机多少细节，较小的比例将大大增加构建时间。对于巨型关卡，可以使用2 或 4 左右的较大比例来减少构建时间
间接照明反射次数（Num Indirect Lighting Bounces）	允许光从光源反射到物体表面的次数。0 为仅直接光照，1 为一次反射，依此类推。反射1 次计算时间最长，其次是反射2 次。连续的反射几乎是不受约束的，但也不会增加太多的光，因为光在每次反射后都会衰减
间接照明质量（Indirect Lighting Quality）	缩放全局光照 GI 解算器使用的样本计数。设置值越大，会导致构建时间大量增加，但解算器穿帮（噪点、斑点）变少。请注意，这不会影响由于使用光照图（纹理接缝、压缩假影、纹索形状）而产生的穿帮
间接照明平滑度（Indirect Lighting Smoothness）	数值越大，间接照明越平滑，可以隐藏解算器噪点，但也会丢失清晰的间接阴影和环境遮挡。在增大间接照明质量（Indirect Lighting Quality）以获取最高质量时，把这个值降低一些是有用的（0.66 或 0.75）
环境颜色（Environment Color）	穿过这个场景的光线会被染上的颜色。环境可以可视化为一个围绕着关卡的球体，向各个方向发射这种颜色的光
环境强度（Environment Intensity）	缩放环境颜色，以允许 HDR 环境颜色
漫射增强（Diffuse Boost）	缩放场景中所有材质的漫反射效果
使用环境遮挡（Use Ambient Occlusion）	使用静态环境遮挡可以通过全局光照计算并内置到光照图中
直接照明遮挡率（Direct Illumination Occlusion Fraction）	多少 AO 应用于直接照明
间接照明遮挡率（Indirect Illumination Occlusion Fraction）	多少 AO 应用于间接照明
遮挡指数（Occlusion Exponent）	指数越大，对比度越大

※ 5.7 场景氛围的调整

5.7.1 雾特效

如果想让室外场景看起来更加真实,可以为场景加上雾的特效,如图5-42所示。在主界面左侧的放置模式中,可以看到虚幻引擎提供的两种雾特效,分别是指数级高度雾和大气雾。

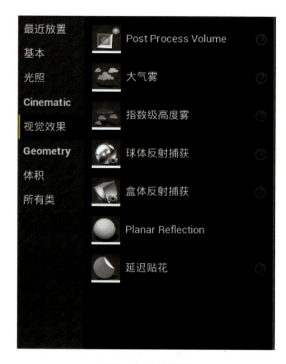

图5-42 雾特效

1. 大气雾

大气雾是光源通过大气层时产生的散射效果,如图5-43所示。由于光线在大气层雾中发生散射,所以光线可以照射到之前照射不到的角落,场景比之前更加明亮。

图5-43 大气雾

可用设置属性见表5-2。

表5-2 可用设置

属性	描述
阳光乘数	此值为定向光源亮度的总体乘数。它会同时照亮天空和雾的颜色
雾乘数	此乘数仅影响雾颜色,不影响定向光源
密度乘数	此控制因素仅影响雾密度,不影响定向光源
Density Offset(密度偏移量)	这个偏移量值控制雾的不透明度。有效范围是 -1~1
距离比例	控制距离系数。默认的值为1,表示虚幻单位和厘米的比例是1:1。这样创建的世界非常小。随着世界尺寸增大,需要相应地增大此值。更大的值会让雾衰减的改变发生更快
Altitude Scale(高度比例)	仅控制Z轴方向的比例
基色添加值	当前的发光颜色基于场景颜色,这会使阴影区域变黑。为平衡此特效,这个参数允许添加一些小范围值,以使发光颜色在黑暗区域内可见度更高
Z轴偏移量	这是海平面的偏移量,以km来计算距离大气层雾Actor的位置。此系统在低于0的区域中(海平面)无法工作,因此请确认所有的地形值均高于此数值。这可以用来在散射和雾颜色发生改变时进行高度调整

2. 指数级高度雾

雾的密度可根据高度改变,高度低,雾密度大;高度高,雾密度小。添加指数级高度雾后,画面中略微白色的部分就是它的效果,如图5-44所示。

图5-44 指数级高度雾

可用设置属性见表5-3。

表 5-3 可用设置

属性	描述
Fog Density（雾密度）	这是全局密度因数，可以把它想象成为雾层的厚度
Fog Inscattering Color（雾内散射颜色）	设置雾的内散射颜色。从本质上讲，这是雾的主要颜色
Fog Height Falloff（雾高度衰减）	高度密度因数，控制随着高度降低，密度如何增加。值越小，转变就越大
Fog Max Opacity（雾最大不透明度）	该项控制雾的最大不透明度。值为1，表示雾是完全不透明的；值为0，则表示雾实际上是不可见的
Start Distance（起始距离）	这是距离相机多远处开始呈现雾的距离
Directional Inscattering Exponent（定向内散射指数）	控制定向内散射锥体大小。这用于大致描述定向光的内散射
Directional Inscattering Start Distance（定向内散射起始距离）	控制到定向内散射查看者的起始距离。这用于近似定向光的内散射
Directional Inscattering Color（定向内散射颜色）	设置定向内散射的颜色，用于近似定向光源的内散射。这和调整定向光源的模拟颜色类似
Visible（可见）	控制主要雾的可见性
Actor Hidden in Game（游戏中隐藏的Actor）	是否在游戏中隐藏雾

5.7.2 粒子特效

1. 粒子特效的概念

虚幻引擎内包含了一套极为强大的粒子系统，让美术人员能够创建令人瞠目结舌的视觉特效，从烟雾、火星、火焰，到极其复杂的幻想中才有的效果。

虚幻的粒子系统由级联来编辑，这是一个完全整合并模块化的粒子特效编辑器。级联为编辑特效提供了实时的反馈，能够让即便是非常复杂的特效，制作过程也变得更为快捷、容易。

粒子系统也和每个粒子上使用的各种材质及贴图紧密相关。粒子系统自身主要的功能是控制粒子的行为，如图5-45所示，然后整体地看粒子系统最终的展现效果。

图 5-45 粒子特效

2. 添加粒子特效

粒子特效可以直接像模型一样从内容浏览器中拖曳到场景内。在素材包中有一些云雾粒子特效，如图5-46所示，可以利用这些粒子特效创造出想要的天气效果。

图 5-46 云雾粒子特效的添加

第 6 章
UE4 初识蓝图

6.1 蓝图概述

虚幻引擎中的蓝图——可视化脚本系统是一个完整的游戏脚本系统，如图6-1所示，其理念是在虚幻编辑器中使用基于节点的界面创建游戏可玩性元素。和其他一些常见的脚本语言一样，蓝图的用法也是通过定义在引擎中的面向对象的类或者对象。在使用UE4的过程中，常常会遇到在蓝图中定义的对象，并且这类对象常常也会被直接称为蓝图。

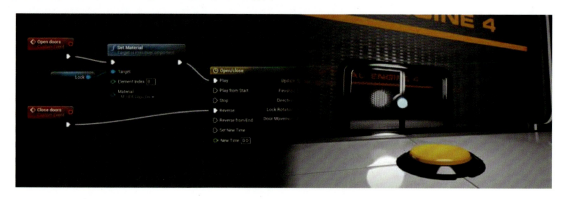

图6-1 蓝图可视化脚本系统

该系统非常灵活且非常强大，因为它为设计人员提供了一般仅供程序员使用的所有概念及工具。另外，在虚幻引擎的C++实现上，也为程序员提供用于蓝图功能的语法标记，通过这些标记，程序员能够很方便地创建一个基础系统，并交给策划进一步在蓝图中对这样的系统进行扩展。

6.2 蓝图节点

节点图表通过使用事件和函数调用来执行动作，从而对和该蓝图相关的游戏性元素做出反应。节点是指可以在图表中应用其来定义特定图表及包含该图表的蓝图的功能的对象，比如事件、函数调用、流程控制操作、变量等。

1. 应用节点

尽管每种类型的节点执行一种特定的功能，但是所有节点的创建及应用方式都是相同的。这有助于在创建节点图表时提供一种直观的体验。

2. 放置节点

通过从关联菜单中选择一种节点类型，可以把新节点添加到图表中。关联菜单中所列出的节点类型，根据访问该类型列表的方式及当前选中的对象的不同而有所差别。

在图表编辑器中，右击空白区域，会弹出可以添加到图表中的所有节点的列表。如果选中一个Actor，那么将会列出那种类型的Actor支持的事件，如图6-2所示。

从节点的一个引脚处拖曳鼠标，产生一个连接，在

图6-2 节点关联菜单

空白处释放鼠标，会弹出一个节点列表，这些节点具有和连接的起始引脚相兼容的引脚，如图6-3所示。

通过单击并拖曳鼠标创建一个区域选择框，可以选中多个节点，如图6-4所示。

按住Ctrl键，单击并拖曳鼠标创建一个区域选择框，可以切换对象的选中状态。

按住Shift键，单击并拖曳鼠标创建一个区域选择框，可以把选择框中的对象添加到当前选中项。要想取消中所有节点，仅需单击图表编辑器的空白区域即可。

3. 移动节点

通过单击并拖曳一个节点，可以移动该节点。如果选中了多个节点，那么单击选中项内的任何节点并拖曳鼠标将会移动所有节点，如图6-5所示。

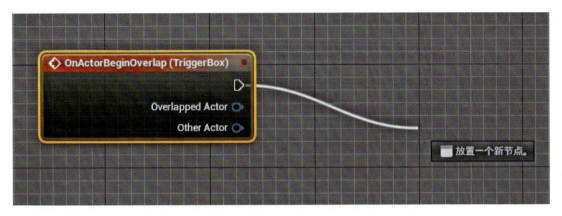

(a)

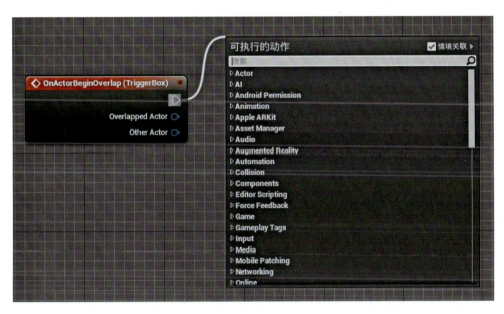

(b)

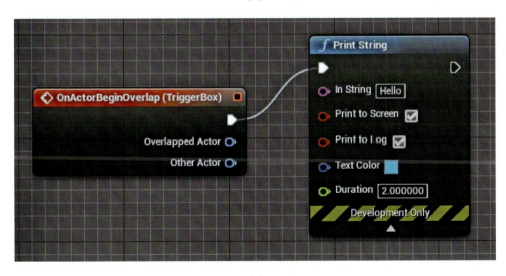

(c)

图 6-3 放置新节点

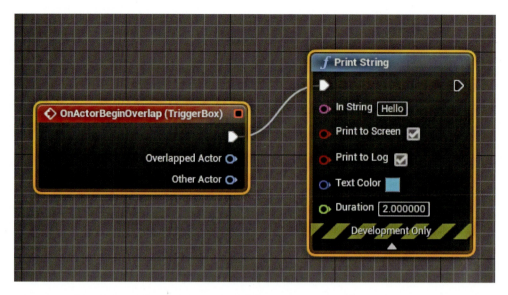

(a)

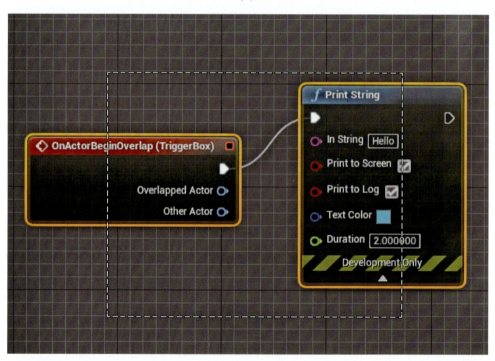

(b)

图6-4 框选多个蓝图节点

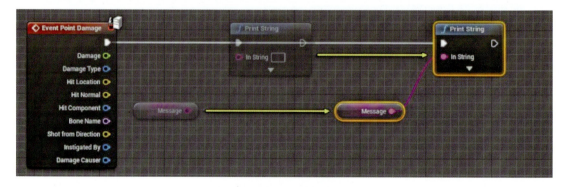

图6-5 拖曳移动节点

4. 引脚

节点两侧都可以有引脚。左侧的引脚是输入引脚，右侧的引脚是输出引脚，如图6-6所示。

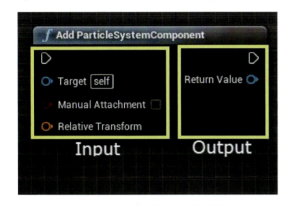

图6-6 输入引脚与输出引脚

有两种主要引脚类型：执行引脚（execution pins）和数据引脚（data pins）。

（1）执行引脚

执行引脚用于将节点连接在一起，以创建执行流程。当一个输入执行引脚被激活后，节点将被执行。一旦节点的执行完成，它将激活一个输出执行引脚来继续执行流程。执行引脚在未连接时，显示为轮廓；在连接到另一个执行引脚时，则显示为实心。函数调用节点始终只有一个输入执行引脚和一个输出执行引脚，因为函数只有一个进入点和一个退出点。

其他类型的节点可以有多个输入执行引脚和输出执行引脚，从而允许不同的行为，具体取决于哪一个引脚被激活，如图6-7所示。

图6-7 执行引脚

（2）数据引脚

数据引脚用于将数据导入节点或从节点输出数据，如图6-8和图6-9所示，视其具体类型而定。数据引脚可以连接到同一类型的变量（这些变量有各自的数据引脚），也可以连接到另一个节点上同一类型的数据引脚。与执行引脚一样，数据引脚在未连接到任何对象时显示为轮廓，在连接到对象时则显示为实心。

图6-8 输出数据引脚　　图6-9 输入数据引脚

节点可以有任意数量的输入或输出数据引脚。函数调用（Function Call）节点的数据引脚对应于相应函数的参数和返回值。

5. 自动类型转换

通过蓝图中的自动类型转换功能，不同数据类型的引脚可以相连接。当尝试在两个引脚间建立连接时，可以通过显示的工具提示信息识别兼容的类型，如图6-10所示。

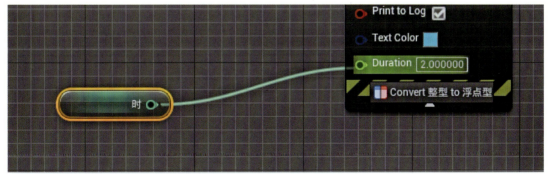

图6-10 自动类型转换识别

从一种类型的引脚拖曳一条线连接到另一种类型的引脚（这两种类型是兼容的），那么将会创建一个自动类型转换节点来连接两个引脚，如图6-11所示。

6. 连线

引脚之间的连接称为连线。连线代表执行流程或者数据流向。

（1）执行引脚连线

执行引脚间的连线代表执行的流程。执行连线显示为白色的箭头，箭头从一个输出执行引脚指向一个输入执行引脚。箭头的方向表明执行流程的走向，如图6-12所示。

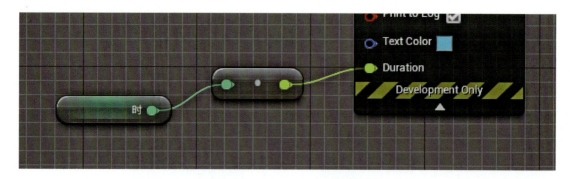

图 6-11 自动类型转换连接

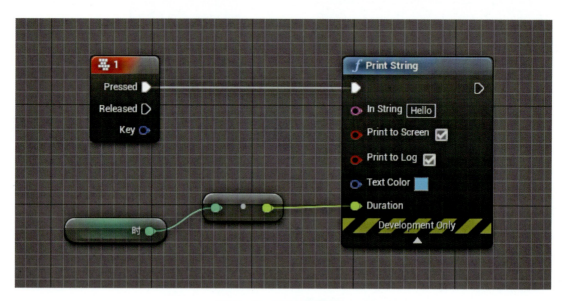

图 6-12 执行引脚连线

当正在执行"执行引脚"间的连线时,执行引脚连线会产生一个可视化的标识符。在运行过程中,当一个节点完成执行并激活了下一个节点时,执行引脚间的连线突出显示,表明正在从一个节点转移到另一个节点,如图 6-13 所示。

执行连线的可视化标识符会随着时间逐渐消失。

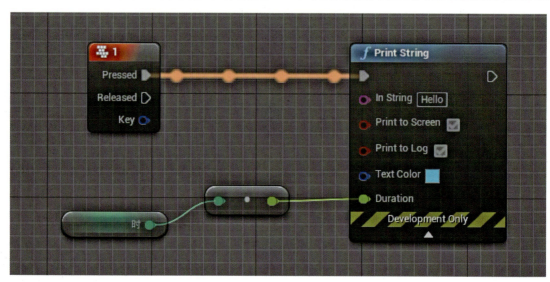

图 6-13 执行引脚执行标识符

(2)数据连线

数据连线把一个数据引脚连接到同种类型的另一个数据引脚上。数据连线显示为带颜色的箭头,用于可视化地表示数据的转移,箭头的方向代表数据移动的方向。

和数据引脚的颜色一样,数据连线的颜色是由数据类型决定的,如图6-14所示。

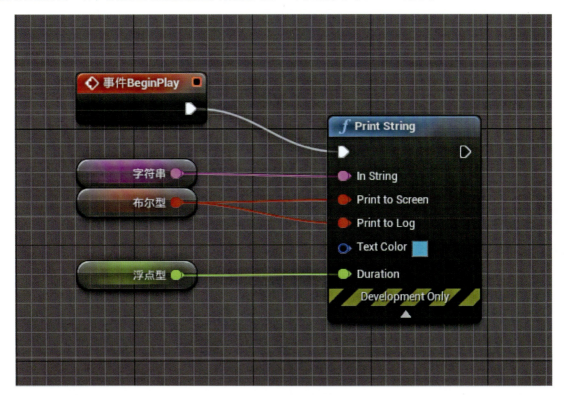

图6-14 不同类型数据连线

(3) 应用连线

在图标编辑器中,可以使用以下几种方法之一创建连线:

① 单击一个引脚并拖曳鼠标,在同类型的另一个引脚上释放鼠标,如图6-15所示。

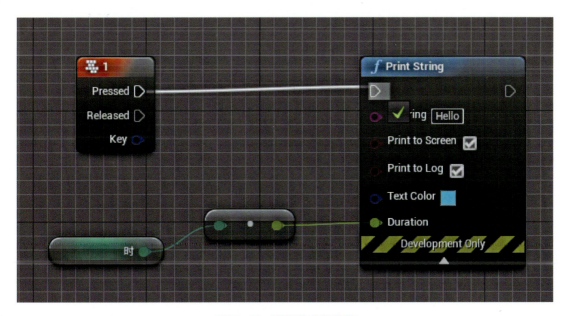

图6-15 创建节点间连线

仅能在两种兼容类型的引脚间创建连接。如果向一个不兼容的引脚上拖曳一个连接,将会显示一个错误,提示不能建立连接,如图6-16所示。

② 从一个引脚拖曳一个连接并在空白区域释放鼠标,会调出一个情境关联的菜单,该菜单中列出了和连线起始节点类型相兼容的所有节点。从列表中选择一个节点将会创建那个节点的一个新实例,并且连线会连接到该节点的一个兼容引脚上,如图6-17和图6-18所示。

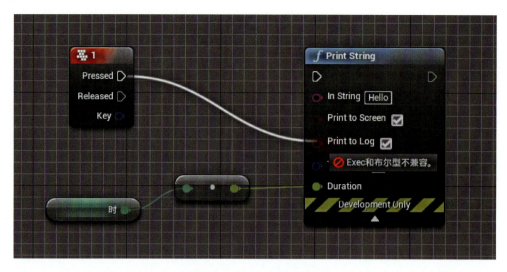

图 6-16 不兼容引脚连线

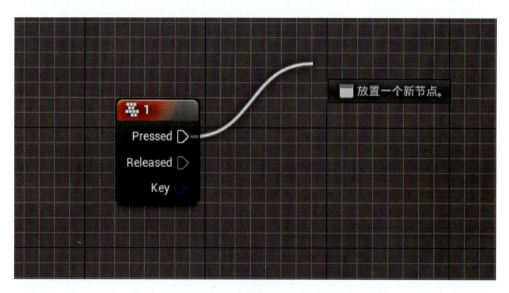

图 6-17 放置新节点（1）

图 6-18 放置新节点（2）

通过使用以下方法可以断开两个引脚间的连线：
① 按 Alt 键并单击其中一个连接的引脚。
② 右击所连接的其中一个引脚，并选择断开连接，如图 6-19 所示。

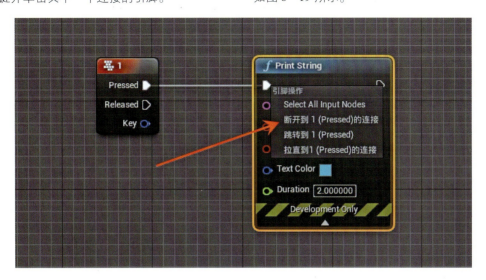

图 6-19　断开连接

7. 合并的图表

出于组织管理的目的，图表中的一组节点可以合并到一个子图表中，这样会创建一个具有层次结构的图表。在父项图表中，可以把一个大的或复杂的图表部分作为一个单独的节点看待，该节点具有输入和输出功能，但是仍然可以编辑合并图表中的内容，如图 6-20 所示。

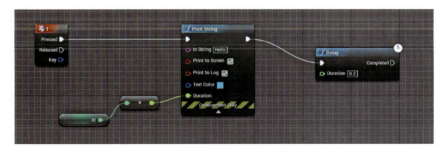

(a)

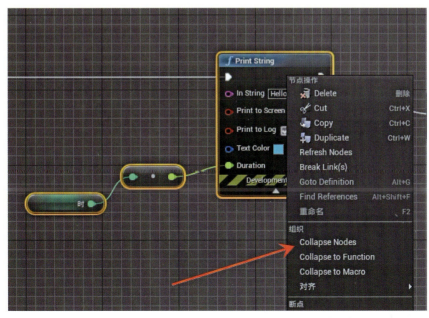

(b)

图 6-20　合并节点

(c)

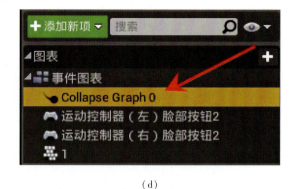

(d)

图 6-20 合并节点（续）

要想编辑该合并节点，双击该合并图表节点或者在"My Blueprint"选项卡中选择该子图表。

和宏不同，一组合并的节点是不能共享的，即使在一个单独的关卡蓝图或蓝图类中也不可以共享。如果复制此合并节点，它会复制内部图表。如果想创建同种近似行为的多个变种，这个操作是非常方便的，但是这也意味着任何缺陷修复都要应用到每个拷贝版本中。设计这个功能的主要目的是整理图表，隐藏内部复杂度，而不是用于共享或重用。

8. 通道

合并的图表使用通道节点来和包含它的图表进行外部通信和交互，如图 6-21 所示。

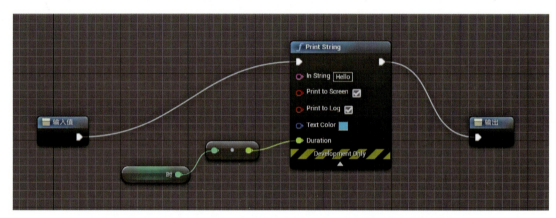

图 6-21 合并节点的图表与外部通信和交互

输入通道节点作为合并图表的入口点。它包含和父项图表中合并图表节点上的输入引脚相对应的执行引脚和数据引脚，如图 6-22 所示。

图 6-22 合并图表内输入端口

图 6-23 合并图表内输出端口

输出通道节点作为合并图表的出口点，它包含和父项序列中合并图表节点上的输出引脚相对应的执行引脚和数据引脚，如图 6-23 所示。

这些引脚是在合并节点时自动生成的。连接到序列中第一个节点的引脚上的任何执行引脚连线和数据引脚连线，都会导致在输入通道节点上创建对应的引脚。类似地，任何连接到序列最后一个节点的执行引脚连线或数据引脚连线，都会导致在输出通道节点上创建对应的引脚，从而在父项序列中作为合并图表的引脚。

展开一个合并的图表：

右击一个合并图表节点，并选择"Expand Node"（展开节点），如图 6-24 所示。

合并图表节点会被它所包含的节点所代替，不再出现在"My Blueprint"选项卡的图表层次结构中，如图 6-25 所示。

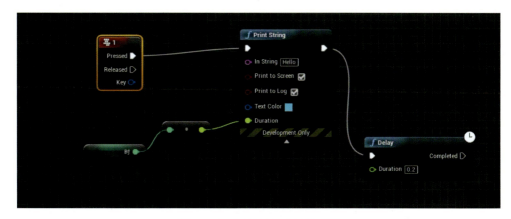

图 6-24 展开已合并节点的图表

图 6-25 打印变量存储的数据

※ 6.3 关卡蓝图编辑器

关卡蓝图（Level Blueprint）是一种专业类型的蓝图，用作关卡范围的全局事件图。在默认情况下，项目中的每个关卡都创建了自己的关卡蓝图，可以在虚幻编辑器中编辑这些关卡蓝图，但是不能通过编辑器接口创建新的关卡蓝图。

与整个级别相关的事件或关卡内 Actor 的特定实例，用于以函数调用或流控制操作的形式触发操作序列。熟悉 UE3 的人应该非常熟悉这个概念，因为它与 Kismet 在 UE3 中的工作原理非常相似。

1. 打开关卡蓝图

若要打开关卡蓝图进行编辑，则单击关卡编辑器工具栏中的"蓝图"，并选择"打开关卡蓝图"，如图6-26所示。

图 6-26 打开关卡蓝图

此操作将在蓝图编辑器（Blueprint Editor）中打开关卡蓝图，如图6-27所示。

蓝图编辑器仅使用图表编辑器、我的蓝图（My Blueprints）面板和细节（Details）面板。类默认（Class Defaults）面板使用菜单栏上的类默认（Class Defaults）按钮。

图 6-27　关卡蓝图界面

2. 引用 Actor

通常需要将对 Actor 的引用连接到关卡蓝图中节点上的"Target"（目标）引脚。若要获取包含 Actor 引用的节点，请执行以下操作：

在"Level Viewport"（关卡视口）或"World Outliner"（世界场景大纲视图）中选择"Actor"，如图 6-28（a）所示。

单击"蓝图"→"打开关卡蓝图"，右键单击要在其中添加节点的图表，在显示的快捷菜单中，选择"创建一个对 ThirdPersonCharacter 的引用"，如图 6-28（b）所示。

显示的 Actor 引用节点可以连接到任何兼容的目标引脚，如图 6-28（c）所示。

（a）

（b）

图 6-28　在关卡蓝图中引用 Actor

前，需要指定该蓝图的 Parent Class（父类），选择"继承父类"，允许在自己的蓝图里面调用父类创建的属性。

表 6-1 是创建蓝图时最常见的父类。

表 6-1 创建蓝图时最常见的父类

类型	描述
Actor	是一个可以在世界中摆放，或者生成的 Actor
Pawn	是一个可以从控制器中获得输入信息处理的 Actor
Character	角色是一个包含了行走、跑步、跳跃及更多动作的 Pawn
PlayerController	负责控制玩家所使用的 Pawn
Game Mode	定义了游戏是如何被执行的、游戏规则及其他方面的内容

所有的类都可以被一个新建的蓝图用作父类（甚至其他的蓝图类）。

例如，创建了一个叫作 Animals 的 Actor Blueprint，在它里面实现了所有动物的共享属性，例如 Hunger、Thirst、Energy，或者是其他想实现的脚本。然后将 Animals 作为父类，创建了另外一个叫作 Dogs 的蓝图；在这个 Dogs 里定义了 Play Fetch 或 Roll Over 之类特别的功能，那么这个 Dogs 除了享有自己的功能之外，还继承了 Animals 里定义的其他功能。

2. 创建蓝图类

（1）通过内容浏览器创建蓝图

蓝图存储在包中，可以像创建任何其他资源一样，通过内容浏览器来创建蓝图。

如图 6-30（a）所示，在"Content Browser"中单击"Add New"按钮，在出现的菜单下面选择"Blueprint Class"。额外的蓝图类型可以在"Create Advanced Asset"的"Blueprints"选项中创建。为蓝图选择一个父类，如图 6-30（b）所示。

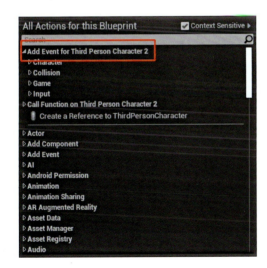

图 6-28 在关卡蓝图中引用 Actor（续）

3. 添加事件

可以将特定 Actor 的事件（Events）添加到关卡蓝图中。

打开关卡蓝图，右键单击要在其中添加节点的图表，在显示的快捷菜单中，展开"Add Event for Third Person Character 2"，选择想要的事件类型，如图 6-29 所示。

图 6-29 关卡蓝图中添加事件

※ 6.4 蓝图编辑器

蓝图是一种允许内容创建者轻松地基于现有游戏性类添加功能的资源。蓝图是在虚幻编辑器中可视化地创建的，不需要书写代码，会被作为类保存在内容包中。实际上，这些类蓝图定义了一种新类别或类型的 Actor，这些 Actor 可以作为实例放置到地图中，就和其他类型的 Actor 的行为一样。

1. 父类

可以创建多种不同类型的蓝图，当然，在做这些之

(a)

图 6-30 通过内容浏览器创建蓝图

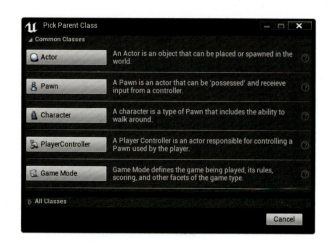

(b)

图6-30 通过内容浏览器创建蓝图（续）

（2）右键单击创建

在"Content Browser"中创建蓝图有以下两种方法。

方法一：

在"Content Browser"的资源预览栏的空白处右击，在出现的菜单中选择"Blueprint Class"，如图6-31所示。

为蓝图选择一个父类，如图6-30（b）所示。

图6-31 方法一

方法二：

在"Content Browser"的文件夹"Blueprints"上右击，在弹出的菜单中，将鼠标移到"New Asset"上，然后选择"Blueprint Class"，如图6-32所示。

图6-32 方法二

为蓝图选择一个父类，如图6-30（b）所示。

通过在内容浏览器中和蓝图类资源直接交互，或者通过和一个已经放置到关卡中的蓝图类的实例交互，都可以在蓝图编辑器中打开该类蓝图，如图6-33所示。

图6-33 内容浏览器

3. 在内容浏览器中打开蓝图

方法一：在内容浏览器中双击蓝图图标。

方法二：在内容浏览器中右击该蓝图图标，并在"Blueprint Actions"（蓝图动作）下选择"Open in Full Editor"（在完整编辑器中打开）。

4. 关卡视口

在关卡中右击一个蓝图的实例，并在"蓝图"菜单项下选择"编辑蓝图"，如图6-34所示。选中一个蓝图实例，在"Details"选项卡中，单击蓝图名称继承的父类文本旁边的"编辑"按钮即可进行设置。

"Blueprint Class"界面分区如图6-35和表6-2所示。

第6章 UE4初识蓝图

图 6-34 关卡视口

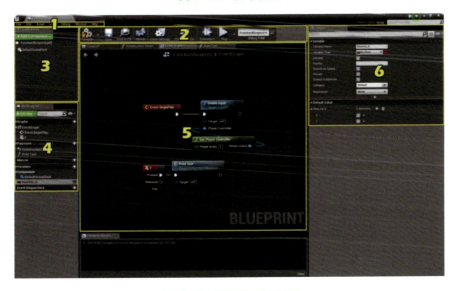

图 6-35 蓝图类界面分区

表 6-2 界面分区

默认可见的用户界面分页栏	窗口菜单中可用的组件
菜单（1）	调试
工具栏（2）	类默认值
组件（3）	编译器运算结果
我的蓝图（4）	搜寻结果
图表编辑器（5）	视口
细节面板（6）	

表 6-3 文件

命令	说明
保存（Save）	保存蓝图
打开资源…（Open Asset…）	调出资源选取窗口
全部保存（Save All）	保存所有未保存的关卡和资源
选择要保存的文件…（Choose Files to Save…）	打开一个对话框，其中包含内容和关卡的保存选项

蓝图类界面包含的选项如下。

（1）文件（表 6-3）

续表

命令	说明
连接到源控制…（Connect to Source Control…）	如果启用了源控制，那么打开一个对话框，其中包含内容和关卡的检查与确定选项
编译（Compile）	编译蓝图
刷新所有节点（Refresh All Nodes）	刷新图中的所有节点，以将外部更改更新进去
重设蓝图父代（Reparent Blueprint）	更改已打开蓝图的父代
对比（Diff）	与先前的修订对比。需要启用源控制
开发者（Developer）	打开"开发者（Developer）"菜单，可以在这里更改编译器设置，并像"图编辑器（Graph Editor）"一样重新编译模块

（2）编辑（表6-4）

表6-4 编辑

命令	说明
历史记录	
撤销（Undo）	撤销上一个操作
恢复（Redo）	恢复上一个撤销的操作
撤销历史（Undo History）	显示完整的撤销历史

（3）搜索（表6-5）

表6-5 搜索

命令	说明
搜索（Search）	在当前蓝图中查找对函数、事件、变量和引脚的引用
在蓝图中查找（Find in Blueprints）	在所有蓝图中查找对函数、事件、变量和引脚的引用
删除未使用的变量（Delete Unused Variables）	删除从不使用的变量

（4）配置（表6-6）

表6-6 配置

命令	说明
编辑器首选项（Editor Preferences）	打开编辑器的"设置"窗口
项目设置（Project Settings）	打开当前项目的"设置"窗口
插件（Plugins）	打开"Plugin Browser"（插件浏览器）选项卡

（5）资源（表6-7）

表6-7 资源

命令	说明
在内容浏览器中查找（Find in Content Browser）	调出内容浏览器并导航到该资源
引用查看器（Reference Viewer）	启动引用查看器，以显示当前资源引用的对象和引用当前资源的对象
尺寸贴图（Size Map）	显示一个交互式贴图，其中显示该资源及其引用的所有内容的近似大小

（6）视图（表6-8）

表6-8 视图

命令	说明
引脚可见性（Pin Visibility）	
显示所有引脚（Show All Pins）	显示所有节点上的所有引脚
隐藏未使用引脚（Hide Unused Pins）	隐藏既没有连接也没有默认值的所有引脚
隐藏未连接引脚（Hide Unconnected Pins）	隐藏没有连接的所有引脚。该选项将隐藏已在节点上直接设置的输入引脚
缩放	
缩放到图范围（Zoom to Graph Extents）	让当前视图适应整个图形
缩放到选择范围（Zoom to Selection）	让当前视图适应选择范围

（7）调试（表6-9）

表6-9 调试

命令	说明
断点	
禁用所有断点（Disable All Breakpoints）	禁用当前蓝图或关卡蓝图的所有图形中的所有断点
启用所有断点（Enable All Breakpoints）	启用当前蓝图或关卡蓝图的所有图形中的所有断点
删除所有断点（Delete All Breakpoints）	移除当前蓝图或关卡蓝图的所有图形中的所有断点
监测	
删除所有监测值（Delete All Watches）	移除当前蓝图或关卡蓝图的所有图形中的所有监测值

蓝图编辑器中的"Window"（窗口）菜单中有一个特

定的子部分，用于显示特定于蓝图编辑器的选项卡（表6-10）。当蓝图编辑器处于"Defaults"（默认）和"Components"（组件）模式时，并非所有选项卡都会出现在该菜单中。

表6-10 蓝图编辑器中的"Window"（窗口）菜单

命令	说明
工具栏（Toolbar）	显示工具栏（如果当前不可见）
详细信息（Details）	显示"Details"窗格（如果当前不可见）
调试（Debug）	显示"Debug"窗格（如果当前不可见）
调色板（Palette）	显示"Palette"窗格（如果当前不可见）
我的蓝图（My Blueprint）	显示"My Blueprint"窗格（如果当前不可见）
编译结果（Compiler Results）	显示"Compiler Results"窗格（如果当前不可见）
查找结果（Find Results）	显示"Find Results"窗格（如果当前不可见）
组件（Components）	显示"Components"面板（如果当前不可见）
视口（Viewport）	显示"Preview Viewport"窗格（如果当前不可见）
内容浏览器（Content Browser）	打开能够访问所有四个内容浏览器的子菜单
开发者工具（Developer Tools）| 蓝图调试程序（Blueprint Debugger）	打开蓝图调试程序，其中显示当前在蓝图中连同所有检测值一起运行的命令"堆栈"
	碰撞分析程序（Collision Analyzer）	显示碰撞分析程序
	调试工具（Debug Tools）	显示"Debug Tools"面板，其中包含用于执行常用调试任务的一系列功能（重新加载纹理、显示纹理图集、伽马校正等）
	消息日志（Message Log）	打开消息日志。这里将显示来自编辑器的错误或警告
	输出日志（Output Log）	打开输出日志。如果使用"Print"进行调试，则结果会显示在这里

续表

命令	说明
开发者工具（Developer Tools）| 视觉记录工具（Visual Logger）	打开视觉记录工具
	类查看器（Class Viewer）	打开类查看器
	设备管理器（Device Manager）	打开设备管理器
	设备描述（Device Profiles）	打开"Device Profiles"选项卡
	会话前端（Session Frontend）	显示会话前端。请参阅 Unreal Frontend（虚幻前端）文档，以了解更多信息
	小部件反射器（Widget Reflector）	打开小部件反射器。这使得能够在编辑器界面中看到构成界面的各个 Slate 元素
项目启动程序（Project Launcher）	显示项目启动程序，让能够在任何已设置妥当并连接的设备上运行项目
插件（Plugins）	显示可供加载/卸载插件的"Plugins"选项卡
重设布局…（Reset Layout…）	重设整个 UE4 编辑器的默认布局。这需要重新启动编辑器，但会重新打开当前项目
保存布局（Save Layout）	保存当前界面布局
启用全屏（Enable Fullscreen）	为主编辑器窗口启用全屏模式

工具栏默认显示在蓝图编辑器的左上方。通过蓝图编辑器工具栏按钮可以轻松访问编辑蓝图时的常用命令。工具栏将基于开启的模式和当前编辑中的蓝图类型提供不同按钮，如图6-36和表6-11所示。

图6-36 工具栏

表 6-11　工具栏按钮及描述

按钮	描述
Compile	编译成功。单击该按钮编译编辑中的蓝图。编译过程的输出显示在消息日志的蓝图日志中。该按钮在调试中不可用
Compile	需对蓝图进行重新编译。单击该按钮编译编辑中的蓝图。编译过程的输出显示在消息日志的蓝图日志中。该按钮在调试中不可用
Compile	编译过程中出现警告。单击该按钮编译编辑中的蓝图。编译过程的输出显示在消息日志的蓝图日志中。该按钮在调试中不可用
Compile	编译失败。单击该按钮编译编辑中的蓝图。编译过程的输出显示在消息日志的蓝图日志中。该按钮在调试中不可用
Save	保存当前蓝图
Find in CB	呼出"Content Browser"并导航到此资源
Search	在当前蓝图中找到对函数、事件、变量和引脚的引用
Class Settings	打开"Details"窗格中的蓝图属性
Class Defaults	显示类默认值
Simulation	以模拟模式启动游戏
Play	以正常播放模式启动游戏。单击箭头显示"Play Options"菜单
Pause	暂停模拟。模拟暂停后,"Resume"和"Frame Skip"按钮将出现在工具栏中
Resume	命中断点或单击"Pause"按钮后继续执行
Frame Skip	前进一帧或一个 tick。模拟暂停或命中断点时出现此按钮
Stop	停止游戏执行并退出"Simulate In Editor"模式
Possess	从"Simulate In Editor"模式切换至"Play In Editor"模式。附加到玩家控制器,实现普通游戏功能键。其和 Eject 绑定

续表

按钮	描述
Eject	从"Play In Editor"模式切换至"Simulate In Editor"模式。从玩家控制器解绑,实现常规编辑器功能键。其和 Possess 绑定
Step	一次一个节点地逐句通过图表执行。模拟中,命中断点后出现此按钮
No debug object selected ▼	如关卡中拥有一个或多个蓝图实例,可在此下拉菜单下选择进行调试的实例

工具栏包含如下两个部分。

① 工具栏选项:使用蓝图的工具。

② 模式按钮:用于切换蓝图所在模式的按钮。

5. 组件

组件(Component)是可添加到 Actor 的一项功能。组件不可独立存在,但在将其添加到 Actor 后,该 Actor 便可以访问并使用该组件所提供的功能。

例如,聚光灯组件(Spot Light Component)将允许 Actor 像聚光灯一样发光,旋转移动组件(Rotating Movement Component)将使 Actor 四处旋转,音频组件(Audio Component)将使 Actor 能够播放声音。

了解组件后,蓝图编辑器中的组件窗口允许将组件添加到蓝图。提供了以下方法:通过胶囊组件(Capsule Component)、盒体组件(Box Component)或球体组件(Sphere Component)添加碰撞几何体,以静态网格体组件(Static Mesh Component)或金属网格体组件(Skeletal Mesh Component)形式添加渲染几何体,使用移动组件(Movement Component)控制移动。还可以将组件列表中添加的组件指定给实例变量,以便在此蓝图或其他蓝图的图表中访问它们,如图 6-37 所示。

图 6-37　添加组件栏

(1)添加组件

① 从组件窗口将组件添加到蓝图。

②从下拉列表中选择要添加的组件类型,如图6-38(a)所示。

③从列表中选择组件后,将收到要求输入组件名称的提示,输入组件名称,如图6-38(b)所示。

图6-39 在内容浏览器中添加组件

(a)

图6-40 移除组件

(b)

图6-38 添加组件

还可以通过在内容浏览器中将资源拖放到组件窗口来添加组件,如图6-39所示。

此方法适用的资源包括静态网格体、声音提示、骨架网格体和粒子系统。

(2) 移除组件

若要从组件窗口中移除组件,右击组件名称并选择"Delete"命令即可,如图6-40所示。

还可以在窗口中选择组件并按Delete键来移除它。

(3) 变换组件

当组件被添加到关卡中的实例时,将被默认放置在该实例的位置。但是,它们可以根据需要在"Details"面板或视口中进行变形、旋转和缩放。

可以通过在"Components"窗口中单击组件名称或在视口中单击组件来选择要变形的组件。在视口中变形、旋转和缩放组件时,按住Shift键以启用捕捉。要求在关卡编辑器中启用捕捉,并使用关卡编辑器中的捕捉网格功能。

还可以在"Details"面板中为选定组件输入位置、旋转和缩放的精确值,如图6-41所示。

图6-41 变形组件

变形、旋转或缩放父组件同样会将变形向下传播到所有子组件。

(4) 组件资源

添加组件后，可能需要指定占用组件的资源（例如为静态网格体组件指定一个静态网格体）。有以下两种不同的方法可以用来为组件类型指定资源。

方法一：

若要在"Components"窗口中将资源指定给组件，选择组件后，在"Details"面板中找到组件类型对应的部分，如图6-42所示。

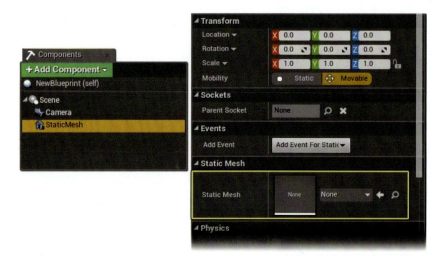

图6-42　组件资源

添加一个静态网格体组件后，将在静态网格体下指定要使用的资源。

单击"Static Mesh"下拉框，然后从上下文菜单中选择要使用的资源，如图6-43所示。

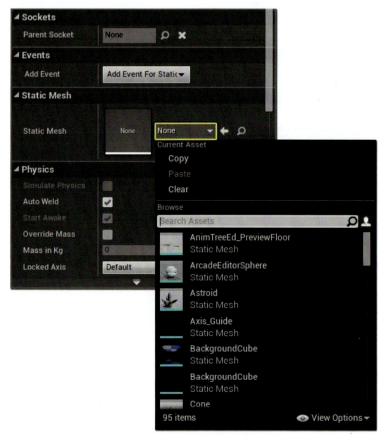

图6-43　选择要使用的资源

方法二：

使用内容浏览器指定资源。

在内容浏览器中选择想要指定为与组件一起使用的资源，如图6-44所示。

选择组件后，在"Details"面板中找到组件类型对应的部分，如图6-45（a）所示。

上述操作添加了一个静态网格体组件，将在静态网格体下指定要使用的资源。

因为在内容浏览器中已有一个资源被选中，请勿单击静态网格体框，而应单击 按钮，如图6-45（b）所示。

这会将在内容浏览器中选择的资源作为组件中要使用的资源。

(5) 移除组件资源

方法一：在组件的"Details"面板中，单击当前指定资源旁边的 按钮，如图6-46（a）所示。

方法二：单击资源的"Current Asset"（当前资源）框，然后从上下文菜单中选择"Clear"命令，如图6-46所示。

图6-44 选择组件资源

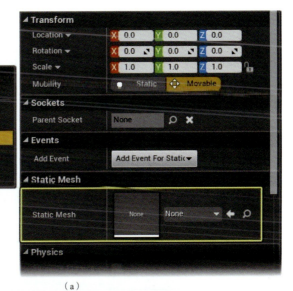

(a)

(b)

图6-45 替换组件资源

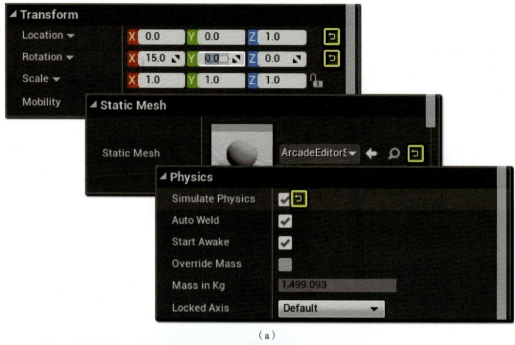

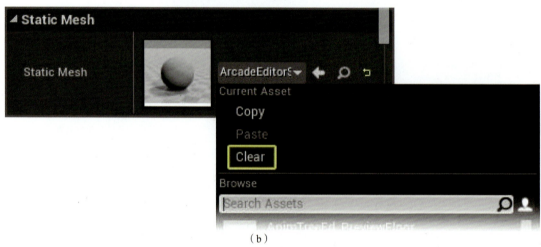

(b)

图 6-46 移除组件资源

在这两种方法中,资源都将作为指定给组件的对象而被删除。

(6) 浏览至组件资源

还可以在"浏览至组件"中指定资源,跳转至内容浏览器并在其中进行定位:

在组件的"Details"面板中,按下当前指定资源旁边的 按钮,如图 6-47 (a) 所示。

打开内容浏览器,显示选定的指定资源,如图 6-47 (b) 所示。

(7) 重命名组件示例变量

在"Components"窗口中创建的组件将根据其类型自动生成实例变量名称。

若要更改这些变量的名称,在"Components"窗口中选择组件,其细节将随即显示在"Details"面板中,如图 6-48 所示。

(a)

图 6-47 浏览组件资源

在"Details"面板的变量名称字段中输入组件的新名称,并按 Enter 键确认。

可以通过在"Components"窗口中选择一个组件,然后按下 F2 键快速重命名此组件。

(8)组件事件和功能

可以通过不同的方法将基于组件的事件和/或功能快速添加到蓝图的事件图表中。以这种方式创建的任何事件或功能都是特定于该功能,不需要经过测试来验证所涉及的组件。

添加可以为其创建事件的组件,例如盒体组件,如图 6-49(a)所示。

为组件提供一个名称,这里将其称为"Trigger"(触发器),如图 6-49(b)所示。

(b)

图 6-47 浏览组件资源(续)

图 6-48 重命名组件

还可以在"Components"窗口中右击组件,并从"Add Event"(添加事件)上下文菜单中选择事件,如图 6-50 所示。

(a)

图 6-49 创建事件的组件

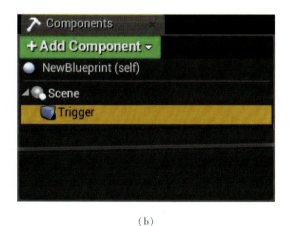

(b)

图 6-49 创建事件的组件(续)

无论采用哪种方式,都会将一个新的事件节点(基于选定类型)添加到事件图表,该图表将自动打开,如图 6-51 所示。

图 6-50 创建事件

还可以通过"My Blueprint"（我的蓝图）窗口从事件图表中为组件添加事件和功能（图 6-52）：

在"My Blueprint"窗口中，在组件下选择组件。

在图表中右击，弹出上下文菜单。

如果组件有任何关联的事件或功能，它们将被列于顶部。

并非所有组件都有关联的事件。例如，点光源组件只包含功能。

图 6-51 事件节点

图 6-52 创建事件

可以在"My Blueprint"窗口中右击组件，以访问添加事件的上下文菜单，如图6-53所示。

不同类型的蓝图将在"My Blueprint"选项卡树状列表中显示不同的项目类型，如图5-54所示。

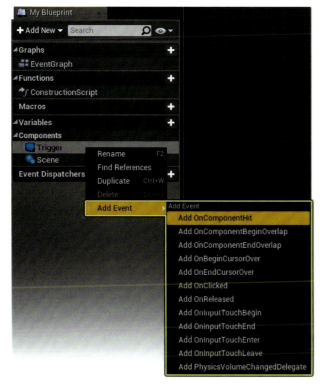

图6-53 事件的上下文菜单

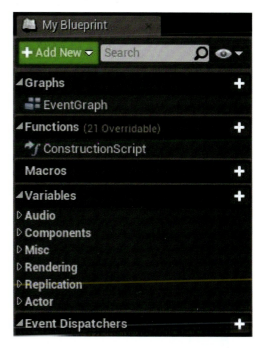

图6-54 "My Blueprint"选项卡

例如，法线蓝图固定显示ConstructionScript和EventGraph。此外，蓝图中创建的函数都将被显示。关卡蓝图仅会显示EventGraph和其中创建的函数。接口仅会显示其中创建的函数。宏蓝图显示其中创建的宏函数。

（1）创建按钮

"My Blueprint"选项卡拥有的快捷按钮（每个标头末尾的 ➕ 图标）见表6-12。

6. "My Blueprint"选项卡

"My Blueprint"选项卡选项卡显示了蓝图中图表、脚本、函数、宏等内容的树状列表。本质上其是蓝图的轮廓，以便让使用者更加便捷地查看蓝图现有元素或创建新元素。

表6-12 "My Blueprint"选项卡按钮和描述

按钮	名称	描述
Variables ➕	新建变量	单击后将新建变量。该变量的属性将即刻显示在"Details"选项卡中。在其中可修改变量命名、类型和其他属性
Functions ➕	新建函数	新建函数，然后即刻聚焦于"Details"选项卡的命名域进行命名。同时，会打开新图表视图，在其中可定义函数的节点网络
Macros ➕	新建宏	新建宏，然后即刻聚焦于"Details"选项卡的命名域进行命名。同时，会打开新图表视图，可在其中定义宏的节点网络
Graphs ➕	新建事件图表	新建函数，然后即刻聚焦于"Details"选项卡的命名域进行命名。新的图表将显示，并在自身中拥有一个已定义的节点网络
Event Dispatchers ➕	新建事件调度器	新建事件调度器，然后即刻聚焦于"Details"选项卡的命名域进行命名

在"My Blueprint"选项卡中单击右键,同样可以访问以上按钮。右键菜单中还包含了新建资源的选项,如图6-55(a)所示。

最后,还可使用"My Blueprint"选项卡顶部的"Add New"按钮,如图6-55(b)所示。

(a)

(b)

图6-55 新建资源选项

(2)"My Blueprint"选项卡部分

"My Blueprint"选项卡分为6个部分:新增(Add New)、图表(Graphs)、函数(Functions)、宏(Macros)、变量(Variables)和事件调度器。

下方5个部分中可将蓝图元素组织到相应分组,而顶端部分提供新建图表、变量等快捷方式,同时,还可以在其中搜索整个"My Blueprint"面板。

(3)在"My Blueprint"选项卡中搜索

"My Blueprint"选项卡含有用于搜索蓝图下属图表的文本框。此文本框的操作方式与用于添加新节点的操作菜单相同,但仅限于在"My Blueprint"选项卡中搜索对象。使用者可基于命名、注释和其他数据进行搜索。若一个节点为Set Actor Hidden,只需在文本框输入对应文本,浏览器即可显示图表中所有Set Actor Hidden节点。

7."Graph Editor"(图表编辑器)面板

"Graph Editor"面板是蓝图系统的核心,可在此创建节点和线路的网络,以定义脚本化行为。可以单击节点,以快速选择节点,并拖动节点来重新定位它们,如图6-56所示。

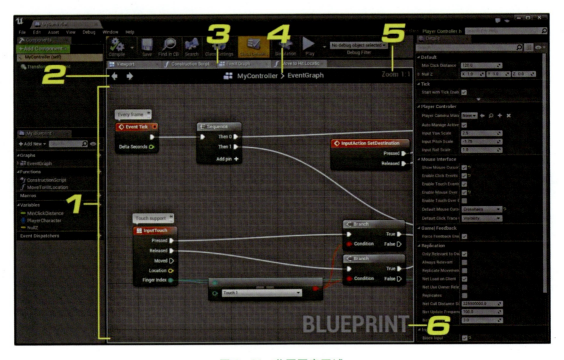

图6-56 蓝图图表区域

图表区域(Graph Area):用于实际布置所有节点的位置。

前进和后退按钮(Forward and Back Buttons):这些按钮允许在不同图表之间切换,就像浏览网络浏览器一样。

选项卡区域(Tabs Area):当打开不同图表时,各个图表的选项卡将在此处打开,允许在不同图表之间快速切换。

痕迹(Breadcrumbs):显示图表和子图表的进展。当逐步深入函数或折叠图时,此处将显示在网络中所处的位置。

缩放系数（Zoom Factor）：仅显示图表编辑器中的当前缩放比例。

蓝图标签（Blueprint Label）：显示正在编辑的蓝图的类型。当为编辑蓝图接口（Blueprint Interface）、动画蓝图（Animation Blueprint）、宏（Macro）和其他类型时，此标签将更新。

使用表6-13中所列控件可浏览图表编辑器选项卡。

StaticMesh、SoundCue、SkeletalMesh 和 ParticleSystem 资源可从内容浏览器拖放到图表编辑器选项卡上，以使用自动分配的资源创建新的 AddComponent 函数调用，如图6-57所示。

表 6-13　图表编辑器控件

控制	操作
右键单击 + 拖动	平移图表
鼠标滚动	缩放图表
右键单击	弹出上下文菜单
单击节点	选择该节点

续表

控制	操作
在空白区域内单击 + 拖动	选择字幕选择框内的节点
在空白区域内按 Ctrl 键 + 单击 + 拖动	切换字幕选择框内的节点选择
在空白区域内按 Shift 键 + 单击 + 拖动	将字幕选择框内的节点添加到当前选择
单击 + 拖动节点	移动节点
从引脚到引脚单击 + 拖动	将引脚连接到一起
从引脚到引脚按 Ctrl 键 + 单击 + 拖动	将线路从原点引脚移至目标引脚
从引脚到空白区域单击 + 拖动	弹出上下文菜单，仅显示相关节点。将原点引脚连接到已创建节点上的兼容引脚
按 Alt 键 + 单击引脚	移除连接到选定引脚的所有线路

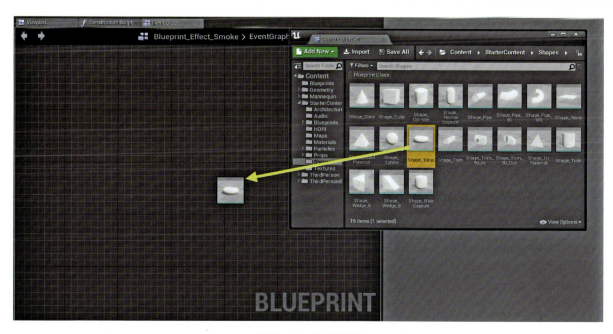

图 6-57　拖放资源

"Details" 面板是一个情境关联的区域，使得可以在蓝图编辑器中编辑选中项的属性。它包含一个用于快速访问特定属性的搜索条，并且一般还会包含一个或多个可合并的类目，用于组织其中所包含的属性。

"Details" 面板也是处理很多蓝图编辑工作的地方，包括：

编辑蓝图变量的过程，包括修改名称、类型及该变量是否是一个数组，如图6-58所示。

Search Filter（搜索过滤器）：输入需要的属性的名称，这些属性就会显示在过滤器的下方。

Property Matrix（属性矩阵）：打开属性矩阵面板，以电子表格的形式编辑可用的属性。

Visibility Filter（可见性过滤器）：允许显示或隐藏已修改的属性或高级属性，以及合并或展开所有类目。

所有这些区域都是情境关联的。当这些区域中的一个区域不适合当前选中的项时，那个区域将会消失。比如，对于很多蓝图节点来说，空白的 "Details" 面板是正常的。

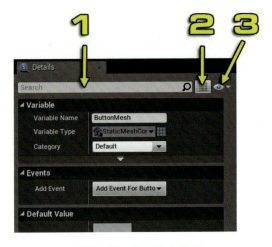

图 6-58 详细信息界面

表 6-14 "Class Defaults"选项卡包含的内容

项目	说明
默认	如果在创建变量时没有指定非默认类别，则列出所有变量及其值。注意，必须编译蓝图才能在"Class Defaults"选项卡上显示其变量
渲染	包含有关如何（以及是否）在游戏中渲染基于蓝图的 Actor 的相关属性信息
复制	包含有关属性的信息，这些属性指示 Actor 在网络游戏中的行为，例如其网络优先级和与其他客户端的相关性
输入	包含有关 Actor 如何根据此蓝图响应输入的信息 包含基于此蓝图的有关 Actor 的信息，例如它们是否可以被损坏。注意，对于关卡蓝图，在这一部分中只有标签（Tags）属性是相关的

8. 蓝图编辑器默认值选项卡

"Class Defaults"（类默认值）选项卡包含有关蓝图默认设置和属性的信息，以及有关蓝图包含的任何变量的信息，可根据需要修改这些设置，如图 6-59 所示。

图 6-59 类默认值设置

"Class Defaults"选项卡包含表 6-14 所示部分。

如果为变量创建自定义类别，那么在编译蓝图之后，"Class Defaults"选项卡也将显示这些类别。

9. 打开编译器结果面板

默认情况下，编译器结果面板并不总是显示，但是可以在蓝图编辑器的窗口菜单中找到它。当蓝图编译时产生了错误或警告时，也会自动打开该面板。一般地，该面板将会出现在当前图表面板的底部。

10. 错误和警告浏览

任何时候，当编译过程中产生警告或错误时，编译器结果面板，使得可以执行以下操作：

将鼠标悬停到一条信息上来查看详细信息，如图 6-60（a）所示。

将鼠标悬停到一条信息尾部的超链接上，来查看到达出问题的节点的链接，如图 6-60（b）所示。

单击一条信息，直接跳转到图表视图中出问题的节点或者可视化脚本的某个部分，如图 6-60（c）所示。

单击面板右下角的"Clear"按钮来清除图中的所有信息，如图 6-60（d）所示。

11. 搜索结果面板

Find Results（搜索结果）面板是蓝图编辑器中的一个强大的搜索工具，允许快速地基于以下条件来追踪各种对象：

- Node name（节点名称）
- Pin name（引脚名称）
- Node comment（节点注释）
- Property name（属性名称）
- Property value（属性值）

当搜索结果面板跟踪搜索匹配项时，它将会显示一个结果列表，每项结果就像一个超链接，可以让图表视图跳转到对应的节点上。当需要跟踪可能深埋于复杂的蓝图脚本节点网络中的特定节点或一段信息时，这是一种非常好的方法。

(a)

(b)

(c)

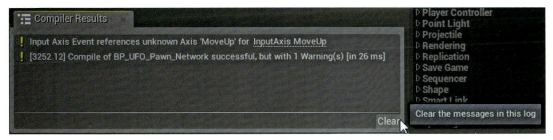

(d)

图 6-60 错误和警告浏览

和在网页浏览器中搜索类似，当在蓝图编辑器中工作时，按下 Ctrl+F 组合键可以调出搜索结果面板。默认情况下，该面板出现在图表面板的底部。如果编译结果面板正在显示中，那么搜索结果面板将停靠在它的旁边。

和 UE4 中的很多搜索文本框不同，当输入文本时，搜索结果面板不会动态地过滤结果，因为这可能会出现大量的结果。一旦按下 Enter 键，搜索结果列表将会出现，如图 6-61 所示。

12. 搜索界面

Results list（结果列表）：这里列出了和搜索条件匹配的所有节点、引脚、属性名称、注释及属性值。

Search filter（搜索过滤器）：这是输入要查找的信息的地方。

Property values（属性值）：明确设置的属性值出现在结果中间位置处的圆括号内。

Comments（注释）：如果存在节点注释，那么它们以黄色文本的形式出现在面板的右侧。

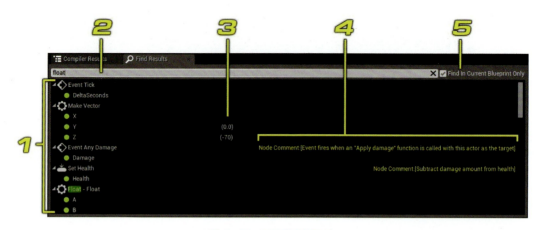

图 6-61　搜索结果面板

Find in Current Blueprint Only（仅在当前蓝图中搜索）：当启用该项时，搜索仅限于当前蓝图。当禁用该项时，搜索时会查找项目中的所有蓝图。

13. 蓝图编辑器视口

在处于组件模式的蓝图编辑器视口中，可以查看及操作蓝图的组件，如图 6-62 所示。

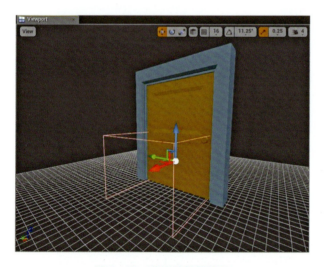

图 6-62　蓝图编辑器视口

还可以在"Details"面板中手动调整选中的组件的值来操作该组件。

在组件列表中选中一个组件，也会导致在视口中选中该组件，并且"Details"面板中会显示该组件的属性信息。

可以在视口中使用变换控件来调整选中组件的位置、旋转度及缩放比例。

蓝图编辑器的视口中的导航方式与关卡编辑器的视口中的导航方式一样。

14. 视图菜单

位于视口的左上角的视图下拉菜单中，有一些和关卡编辑器的视口菜单不同的选项，如图 6-63 和表 6-15 所示。

图 6-63　视图菜单选项

表 6-15　视图菜单中的选项

项目	描述
Reset Camera（重置相机）	重新让相机聚焦到组件上
Realtime（实时渲染）	切换视口的实时渲染功能
Show Floor（显示地面）	切换是否显示一个地面，以便辅助放置组件
Show Grid（显示网格）	切换视口网格

蓝图可视化脚本编写是 UE4 中一个用途广泛的系统，如图 6-64 所示。蓝图可以推动基于关卡的事件，为游戏内的 Actor 控制内部编写脚本的行为，甚至可以在高度写实的游戏角色系统中控制复杂动画。对于这些蓝图的单个应用而言，编辑蓝图脚本的位置和可使用的工具将根据不同需求产生细微变化。这意味着在 UE4 中蓝图编辑器存在多个出现位置和出现方式。抛开差异而言，蓝图编辑器执行的主要任务是一样的：创建并编辑强大的可视化脚本，驱动游戏的诸多元素。

究其本质，蓝图编辑器就是基于节点的图表编辑器。它是创建和编辑可视化脚本节点网络的主要工具，通常简称为蓝图。蓝图编辑器的设计对上下文十分敏感，可在需要时单独访问对象的功能，在需要执行非常规操作时进行灵活处理。

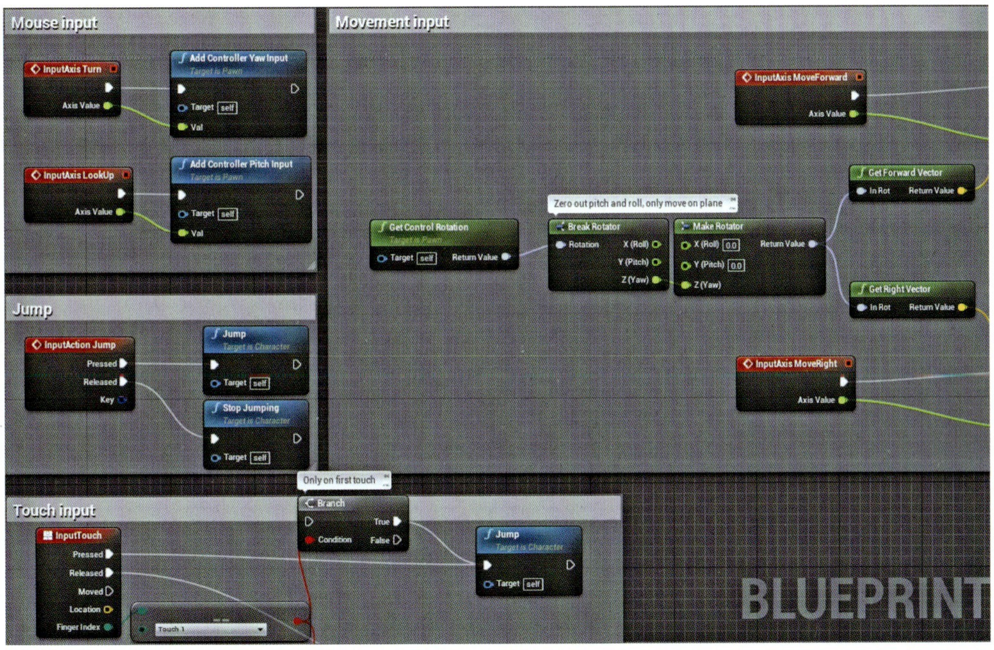

图 6-64 蓝图可视化脚本

关于蓝图编辑器,有以下几个关键点:

①它包含数个工具和面板,用于创建变量、函数、阵列等。

②它内置多种调试和分析工具。

③在 UE4 中,蓝图编辑器将出现多种不同的独特形态,取决于正在编辑的蓝图网络类型。

在深入了解蓝图编辑器之前,应先对蓝图本身有良好理解。

15. 界面详解

蓝图编辑器的位置和可用工具将随当前编辑的蓝图类型出现细微变化。该文档将帮助确定是否需要查看蓝图编辑器特殊形态的 UI 详解,或只需要看到可用功能的顺序列表。

※ 6.5 Visual Studio 的安装

虚幻引擎能与 Visual Studio 平稳结合,可快速、简单地改写项目代码,并能即刻查看编译结果。设置 Visual Studio,以提高开发者对虚幻引擎的利用效率和整体用户体验。

本节还将讲解虚幻引擎到 Visual Studio 工作流的基础设置知识。

1. 设置虚幻引擎到 Visual Studio 工作流

在 Visual Studio 2017(VS2017)版中,C++ 的支持目前属于可选工作量,不会默认安装。

表 6-16 列出了已集成二进制版虚幻引擎的 Visual Studio 版本。

表 6-16 集成二进制版虚幻引擎的 Visual Studio 版本

虚幻引擎版本	Visual Studio 版本
4.15 或更新	VS2017
4.10~4.14	VS2015
4.2~4.9	VS2013

4.20 版本的虚幻引擎默认使用 VS2017,同时,也支持 VS2015。若安装的是 VS2015 而非 VS2017,仍可使用 UE4.20。但如果同时安装 VS2015 和 VS2017,UE4.20 将默认使用 VS2017 IDE 和编译器,并生成 VS2017 项目文件。

要配置 UE4.20 生成 VS2015 解决方案和项目文件,可采取下列任一措施:

①选择在编辑器中用作首选源码 IDE 的 Visual Studio 版本(在编辑器首选项窗口中选择)。

②修改 BuildConfiguration.xml 文件的相关部分。

开源版虚幻引擎(可在 GitHub 和 Perforce 中获取)集成于 VS2013。此外,关于虚幻引擎早期版本与 Visual Studio 较老版本的集成,本节将不作讲解。

2. 运行虚幻引擎必备条件安装程序

在 Epic 启动器安装或从 GitHub 复制虚幻引擎时,将自动运行虚幻引擎必备条件安装程序。若通过 Perforce 进行安装或同步虚幻引擎,则需要手动运行必备条件安装程序。运行本地编译的虚幻引擎工具前,必须进行此操作。

3. 新安装 Visual Studio 时的选项

若初次安装 Visual Studio,请确保启用下列选项。

(1) C++ 工具

要在安装 Visual Studio 时添加 C++ 工具，请确保在"工作负载"下选择"使用 C++ 的移动开发"和"使用 C++ 的游戏开发"，如图 6-65（a）所示。

(2) 包含 UE4 安装程序

要在安装 Visual Studio 时包含 UE4 安装程序，在右侧的"摘要"工具栏中展开"使用C++的游戏开发"，并勾选"可选"项下的"虚幻引擎安装程序"。

勾选"Windows 8.1 SDK"，如图 6-65（b）所示。

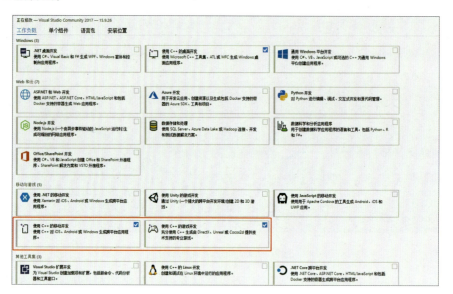

(a)

(b)

图 6-65　Visual Studio 安装工作负载

第 7 章
蓝图基础

本章将对UE4蓝图中经常涉及的基础内容进行介绍，如第三人称视角的小白人控制设置、触发事件、蓝图节点、蓝图变量、时间轴等，如图7-1所示。

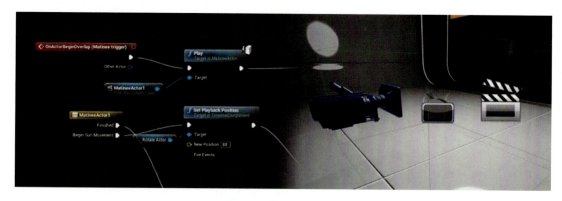

图7-1　蓝图节点

※ 7.1　UE4第三人称小白人控制的获取

漫游功能的实现是以UE4第三人称视角游戏模板作为案例进行分析与讲解的。在讲解过程中，让学生上机动手实现第三人称角色移动控制的蓝图功能，如图7-2所示。

主要涉及鼠标控制角色转向、按键控制角色跳跃、角色移动控制等，如图7-3~图7-5所示。

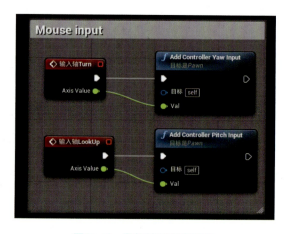

图7-3　鼠标控制角色转向

(a)

(b)

图7-2　小白人场景中移动

图7-4　按键控制角色跳跃

"输入轴Turn"与"输入轴LookUp"两个蓝图节点具体对应的操作，可以在"项目设置"→"输入"的三角下拉菜单中查看，如图7-6所示。

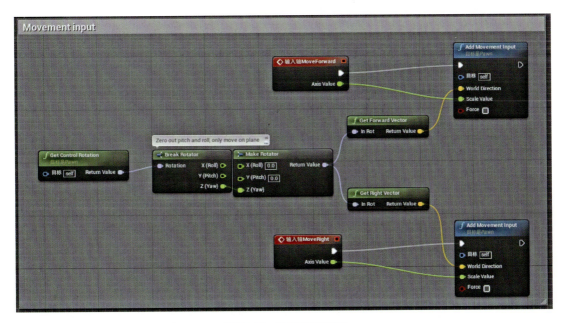

图 7-5 角色移动控制

图 7-6 输入控制节点查看

"Add Controller Yaw Input"和"Add Controller Pitch Input"两个节点是 UE4 自带的封装好的蓝图节点，功能是获取鼠标移动输出的 x、y 轴数值，并控制对应目标 Yaw、Pitch 值的输入。分别从"输入轴 Turn"和"输入轴 LookUp"的 Axis Value 引脚输出值，分别连接到"Add Controller Yaw Input"和"Add Controller Pitch Input"的 Val 引脚获得数值。

"输入动作 Jump"节点的设置与查看方法同"输入轴 Turn"，利用空格键触发跳跃命令，让角色执行跳跃动作。"Jump"和"Stop Jumping"两个节点也是 UE4 自带的封装好的节点，当按下空格键时，"输入动作 Jump"节点发出指令，执行"Jump"动作，松开空格键后，执行"Stop Jumping"动作，如图 7-7 所示。

"Get Control Rotation"实时获取到角色的旋转参数，是包含绕 x、y、z 三个轴旋转的参数。因为控制角色转动要获得绕 z 轴旋转的参数值，所以要用到"Break Rotator"节点，它的功能是把原来 x、y、z 三个轴混合起来的输出值打散成单独 x、y、z 轴的三个独立的值输出。要获取 z 轴的数值，就需要"Make Rotator"节点，它和"Break Rotator"节点相对应，获取 z 轴的值再分别连接

图7-7 "Jump"蓝图功能

"Get Forward Vector"节点与"Get Right Vector"节点。通过"Get Forward Vector"获得z轴返回值中向前的矢量、"Get Right Vector"获得z轴返回值中向右的矢量,来明确角色移动时候的朝向,最后连接到"Add Movement Input"节点的"World Direction"引脚来执行相对应朝向的移动,"Scale Value"引脚通过"输入轴 MoveForward"与"输入轴 MoveRight"控制的W、A、S、D输出Axis Value来识别角色是前进、后退、向左还是向右移动,如图7-8所示。

在文件夹中找到第三人称小白人,如图7-9所示。

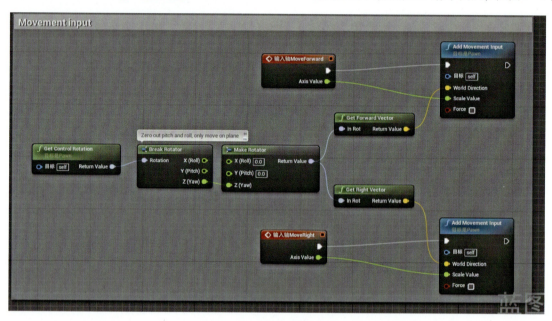

图7-8 角色移动输入控制

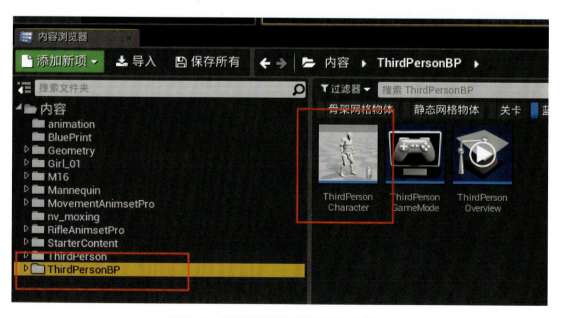

图7-9 在文件夹中找到第三人称小白人

找到文件夹"ThirdPersonBP"→"ThirdPersonCharacter",如图7-10所示。

把小白人拖到主视口场景中,如图7-11所示。

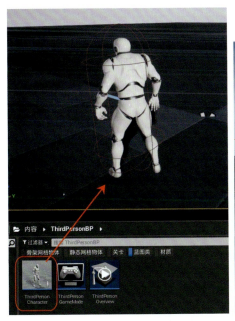

图 7-10　把小白人拖入场景中放置

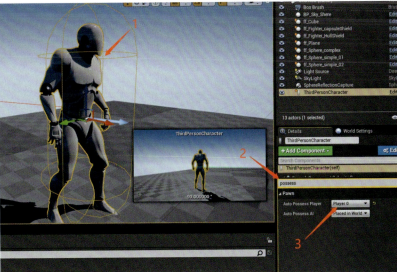

图 7-11　把小白人拖到主视口场景中

※ 7.2　事件触发与键盘触发

事件是从游戏性代码中调用的节点，在事件图表中开始执行个体网络。它们使蓝图执行一系列操作，对游戏中发生的特定事件（如游戏开始、关卡重置、受到伤害等）进行回应。这些事件可在蓝图中访问，以便实现新功能或覆盖/扩充默认功能。任意数量的事件均可在单一事件图表中使用，但每种类型只能使用一个，如图 7-12 所示。

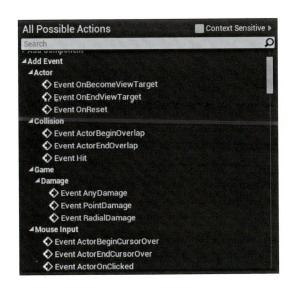

图 7-12　选择事件触发

每个事件只能执行单个对象。如需从一个事件触发多项操作，需要将它们线性地排列起来。

1. Event Actor Begin Overlap（图 7-13）

图 7-13　Event Actor Begin Overlap

多项条件同时满足时，将执行该事件。

Actor 之间的碰撞必须允许重叠。

执行事件的两个 Actor 的 "Generate Overlap Events" 均设为 true。

最后，两个 Actor 的碰撞开始重叠，两者移到一起，或其中一个创建时，与另一个重叠。

此蓝图 Actor 和保存在 Player Actor 变量中的 Actor 重叠时，它将增加 Counter 整数变量，如图 7-14 所示。

2. Event Actor End Overlap（图 7-15）

多项条件同时满足时，将执行该事件。

Actor 之间的碰撞必须允许重叠。

执行事件的两个 Actor 的 "Generate Overlap Events" 均设为 true。

最后，两个 Actor 的碰撞停止重叠，它们将分离，或其中一个将被销毁。

当此蓝图的 Actor 不与其他 Actor 发生重叠时（保存在 Player Actor 变量中的 Actor 除外），它将销毁重叠的 Actor。

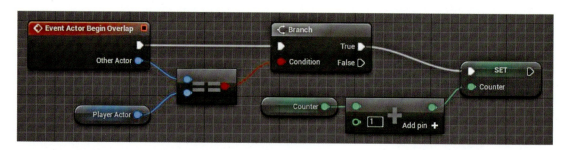

图 7-14 事件重叠触发

图 7-15 Event Actor End Overlap

3. Event Hit（图 7-16）

只要其中一个相关 Actor 的碰撞设置中的"Simulation Generates Hit Events"设为 true，那么该事件便会执行。

如使用 Sweep 创建运动，即使未选中标记，也将获得此事件。只要 Sweep 阻止移动阻挡物体，这便会发生。

在此例中，蓝图执行 Hit 时，它将在冲撞点生成爆炸效果，如图 7-17 所示。

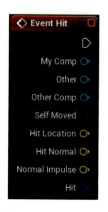

图 7-16 Event Hit

4. Event Destroyed（图 7-18）

Actor 销毁时执行此事件。

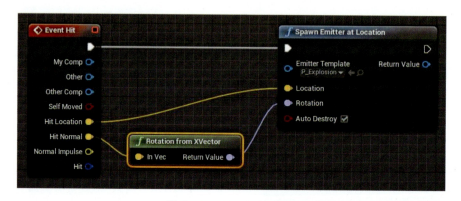

图 7-17 Event Hit 案例

图 7-18 Event Destroyed

5. Event Tick（图 7-19）

图 7-19 Event Tick

游戏进程中，每帧调用的简单事件见表 7-1。

表 7-1 每帧调用的简单事件

项目	描述
Delta Seconds	浮点型输出帧之间的时间量

※ 7.3 蓝图变量

变量（Variables）是保存值或参考世界场景中的对象或 Actor 的属性。这些属性可以由包含它们的蓝图通过内部方式访问，也可以通过外部方式访问，以便设计人员使用放置在关卡中的蓝图实例来修改它们的值,如图 7-20 所示。

图 7-20 各类型变量

变量显示为包含变量名称的圆形框。

1. 变量类型

变量能够以各种不同的类型创建,其中包括数据类型(例如布尔、整数和浮点,见表 7-2),以及用于保存对象、Actor 和特定类等对象的引用类型。此外,还可以创建每种变量类型的阵列。每种类型都采用颜色编码,以便识别。

表 7-2 变量类型

变量类型	颜色	示例	用途
布尔	红色	Boolean Variable	红色变量表示布尔(真/假)数据
整数	青色	Integer Variable	青色变量表示整数数据,或没有小数的数字,例如 0、152、-226
浮点	绿色	Float Variable	绿色变量表示浮点数据或小数数字,例如 0.055 3、101.288 7、-78.322
字符串	洋红色	String Variable	洋红色变量表示字符串数据或一组字母数字字符,例如 Hello World
文本	粉色	Text Variable	粉色变量表示显示的文本数据,特别是在该文本具有本地化识别能力的情况下
矢量	金色	Vector Variable	金色变量表示矢量数据、由 3 个元素的浮点数组成的数字、xyz 等轴或 RGB 信息
旋转体	紫色	Rotator Variable	紫色变量表示旋转体数据,旋转体数据是一组定义三维空间中的旋转的数字
变形	橙色	Transform Variable	橙色变量表示变形数据,它结合了平移(三维位置)、旋转和缩放
对象	蓝色	Object Variable	蓝色变量表示对象,包括光源、Actor、静态网格体、摄像机和声音提示

计数器变量:储存计数的次数或者结果,如图 7-21 所示。

"+":进行"+1"计数的计算。

设置:把计算好的结果赋到计数器变量,如图 7-22 所示。

图7-21 变量"+1"

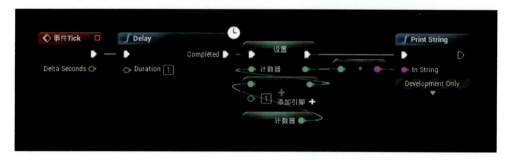

图7-22 "+1"计数功能

2. "My Blueprint"选项卡中的变量

"My Blueprint"选项卡允许将自定义变量添加到蓝图,并列出所有现有变量,包括在组件列表中添加的组件实例变量,或通过将值提升到图表中的变量而创建的变量,如图7-23所示。

图7-24 新建变量

一个新变量随即创建,同时提示输入它的名称,如图7-25所示。

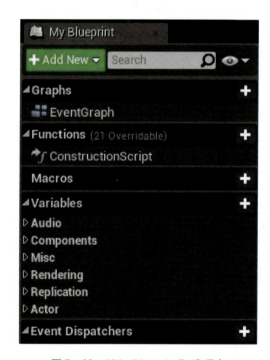

图7-23 "My Blueprint"选项卡

3. 创建变量

按照以下步骤操作即可实现在蓝图中创建变量。

创建蓝图并将其打开到图表选项卡。

通过单击变量列表标题上的"添加"按钮,从"My Blueprint"窗口创建一个新变量,如图7-24所示。

图7-25 输入蓝图变量名称

输入蓝图的名称，然后进入"Details"面板调整变量的属性。

在"Details"面板中，有几个设置可用于定义如何使用或访问变量，如图7-26和表7-3所示。

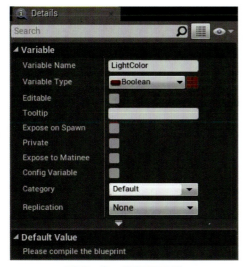

图7-26 变量细节栏

表7-3 变量及说明

选项	说明
变量名称（Variable Name）	变量的名称
变量类型（Variable Type）	通过下拉菜单设置变量类型，并确定变量是否是阵列
可编辑（Editable）	变量是否可在蓝图实例上公开编辑
提示文本（Tooltip）	有关此变量的额外信息，当光标位于该变量上时显示

续表

选项	说明
生成时公开（Expose on Spawn）	在生成蓝图时，变量是否应作为引脚公开
私有（Private）	变量是否应设置为私有（派生的蓝图不能修改它）
公开到Matinee（Expose to Matinee）	变量是否应设置为公开，以便Matinee可以修改它
配置变量（Config Variable）	允许从配置文件设置变量
类别（Category）	允许根据给定标签对变量进行分类。变量将按其标签排序
复制（Replication）	此变量是否应在网络上复制

若要为变量设置默认值，必须先编译蓝图。

4. 可编辑变量

当变量被设置为可编辑时，允许从该变量所在的蓝图外部修改该变量，如图7-27（a）所示。

可以从细节面板的可编辑设置下将变量设置为可编辑，也可以单击"My Blueprint"窗口中变量旁边的眼睛图标来进行此设置：当眼睛图标关闭时，变量当前被设置为不可编辑（这是默认设置）；当眼睛图标打开时，变量被设置为公开。

当变量被设置为可编辑时，可以从主编辑器窗口的"Details"面板中设置变量的值，如图7-27（b）所示。

变量光源颜色已被设置为可编辑，现在可以在关卡编辑器的"Details"面板中设置此值。

(a)

图7-27 变量设置为"公开"

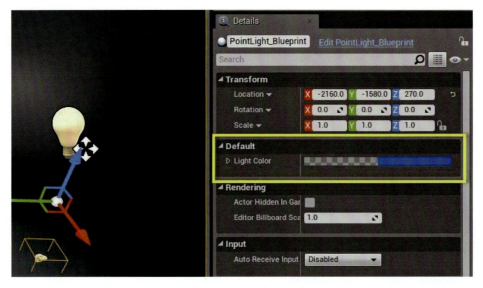

(b)

图 7-27 变量设置为"公开"(续)

5. 变量提示文本

还可以为变量添加提示文本,当鼠标在编辑器中悬停于变量之上时,将显示此提示文本,如图 7-28(a)所示。

可以从变量的细节面板中添加提示文本。当执行此操作时,如果变量设置为公开,那么眼睛图标将从黄色变为绿色,表示已为该变量编写提示文本,如图 7-28(b)所示。

6. 生成时公开

生成时公开选项允许设置变量是否应在生成其所在的蓝图时可访问,如图 7-29 所示。

(a)

(b)

图 7-28 变量设置提示文本

图 7-29　变量生成时公开

上面有一个名为"LightColor"（光源颜色）的变量，它是一个设置为生成时公开的线性颜色属性。该变量在点光源的蓝图中实现，点光源使用设置光源颜色节点和光源颜色变量来确定光源的颜色。

7. 私有变量

通过在变量上选中"Private"（私有）选项，可以防止从外部蓝图修改变量。

例如，图 7-30（a）中有一个未设置为私有的变量。

在另一个蓝图中，生成包含此变量的蓝图，然后关联"Return Value"（返回值），结果是可以访问此变量，如图 7-30（b）所示。

但如果将它设置为私有，如图 7-30（c）所示，然后再次生成蓝图并尝试访问此变量，结果是无法访问，如图 7-30（d）所示。

（a）

（b）

（c）

（d）

图 7-30　设置为私有的变量

8. 提升为变量

还可以使用"Promote to Variable"(提升为变量)选项创建变量。

右键单击蓝图节点上的任何输入或输出数据引脚，并选择"Promote to Variable"选项，如图7-31所示。

通过在"New Light Color"(新光源颜色)引脚上单击右键，并选择"Promote to Variable"选项，可以将一个变量指定为新光源颜色值，如图7-32(a)所示。

也可以拖出一个输入或输出引脚，并选择"Promote to Variable"选项，如图7-32(b)所示。

9. 访问蓝图中的变量

使用蓝图中的变量时，通常会通过以下两种方式

图7-31 选择"Promote to Variable"

(a)

(b)

图7-32 将变量指定为光源

之一访问它们：通过使用"GET"(获取)(被称为Getter)来获取变量的值，或使用"SET"(设置)节点(被称为Setter)来设置变量的值，如图7-33所示。

图7-33 访问蓝图中的变量

可以通过在图表中单击右键并键入"SET"(变量名)或"GET"(变量名)，为变量创建一个设置节点(图7-33中的1)或获取节点(图7-33中的2)。另一种方法是按住Ctrl键并将变量从"My Blueprint"窗口中拖动变量来创建一个获取节点，或者按住Alt键并从"My Blueprint"窗口中拖动变量来创建一个设置节点。

10. 编辑变量

可以在执行之前将变量值设置为蓝图节点网络的一部分或默认值。

若要设置变量默认值，单击蓝图编辑器工具栏上的类默认按钮，可以在"Details"面板中打开默认设置。

在"Details"面板中，从变量名称右侧输入所需的默认值，如图7-34所示。

上面突出显示了颜色变量，可以在其中设置其默认颜色。

如果没有看到变量在默认中列出，请确保单击了"Compile"(编译)按钮。

11. 重命名变量

若要重命名变量，在"My Blueprint"选项卡中右击变量名称，然后在出现的菜单中选择"Rename"，如

图7-34 编辑变量

(b)

图7-35 重命名变量

图7-35(a)所示。

在文本框中键入新的变量名称,如图7-35(b)所示,然后按Enter键进行保存。

(a)

图7-35 重命名变量

12. 变量属性

可以在"Details"面板中为变量设置所有属性,见表7-4。有些变量可能具有比此处所示更多的属性,例如,对于矢量,有公开到Matinee;对于整数或浮点数等数字变量,有滑块范围。

13. 获取和设置变量值

还可以通过获取和设置节点的方式将变量作为蓝图网络的一部分进行编辑。最简单的创建方法是将变量直接从变量选项卡拖至事件图表中。一个小菜单随即出现,询问是否要创建获取或设置节点。

表7-4 变量属性

属性	说明
变量类型	在下拉菜单中设置变量类型,并确定变量是否为阵列
可编辑	设置可否在类默认和蓝图的细节选项卡中编辑变量的值
提示文本	为变量设置提示文本
私有	设置该变量是否应为私有且是否不应由派生蓝图修改
类别	从现有类别中选择,或键入一个新的类别名称。设置类别确定变量在类默认、"My Blueprint"选项卡和蓝图的"Details"选项卡中所处的位置
复制	选择变量的值是否应在客户端之间复制,以及如果复制该值,是否应通过回调函数发出通知

14. 获取节点

获取节点提供具有变量值的网络部分。完成创建后，可以将这些节点插入任何具有适当类型的节点，如图7-36所示。

图7-36 获取节点

15. 设置节点

设置节点允许更改变量的值。请注意，这些节点必须执行线调用才能执行，如图7-37所示。

图7-37 设置节点

从"My Blueprint"选项卡拖动时的快捷方式：
Ctrl键+拖动，创建获取节点。
Alt键+拖动，创建设置节点。

※ 7.4 时间轴节点

时间轴节点（Timeline Nodes）是蓝图中的特殊节点，如图7-38所示，它们允许根据游戏中的事件快速设计和播放基于时间的简单动画。时间轴与简单Matinee序列有几分类似，因为它们允许对简单值进行动画处理，并允许随着时间的推移触发事件。可以通过在"Graphs"选项卡中或"My Blueprint"选项卡中双击时间轴，在蓝图编辑器中直接编辑这些时间轴。它们经过专门设计，用于处理简单的非电影任务，例如开门、改变光源或在场景中对Actor执行其他以时间为中心的操作。

图7-38 时间轴节点输入和输出

1. 输入和输出

时间轴本身具有表7-5所示的输入和输出引脚。

表7-5 时间轴具有的引脚

项目	描述
输入引脚	
Play	使得时间轴从当前时间处开始正向播放
Play from Start	使得时间轴从开始处正向播放
Stop	在当前时间处停止播放时间轴
Reverse	从当前时间反向播放时间轴
Reverse from End	从头开始反向播放时间轴
Set New Time	将当前时间设置为新时间（New Time）输入中设置的变量（或输入）
New Time	该数据引脚取入一个代表时间的浮点值，以秒为单位，当调用设置新时间（Set New Time）输入时，时间轴可以跳转到该浮点值设置的时间处
输出引脚	
Update	只要调用该时间轴，就输出一个执行信号
Finished	当播放结束时，输出一个执行信号。该引脚不会被Stop函数触发
Direction	输出枚举数据，指明了时间轴的当前播放方向

时间轴可以具有多个额外的输入数据引脚，来反映在时间轴中创建的轨迹类型。这些轨迹类型包括Float（浮点型）、Vector（向量型）和Event（事件）轨迹。

2. 创建时间轴

本部分涵盖了对如何在蓝图中创建时间轴节点的概述。

在蓝图中创建时间轴非常简单。在"Graphs"选项卡中右击，并从关联菜单中选择"Add Timeline"（添加时间轴），如图7-39（a）所示。

新的时间轴节点将会被添加到"Graphs"选项卡中，如图7-39（b）所示。

在时间轴被添加后，将可以看到其位于"My Blueprint"选项卡，如图7-39（c）所示。

3. 时间轴变量

在创建了时间轴后，可以在"My Blueprint"选项卡中注意到它是一个变量并可用。这样将可以引用时间轴组件，在需要使用时间轴节点时特别有用。通过这些节点可以访问时间轴的特定功能，比如时间轴的播放速度，如图7-40（a）所示。

在本示例中，使用获取 Timeline 0 变量来查找该时间轴当前的播放速度（Play Rate）值，如图 7-40（b）所示。

此类节点很多，可以查找时间轴节点的值并控制其行为。

（a）

（b）

图 7-40　时间轴变量

4. 重命名时间轴

当在蓝图中使用多个时间轴时，很重要的一点是对每个时间轴进行相应命名。默认所有时间轴都采用"Timeline_X"的格式来命名，X 为序列数字。可以在"Graphs"选项卡中通过右击来重命名时间轴，或者在"My Blueprint"选项卡中选择"Rename"（重命名），如图 7-41 所示。

（a）

图 7-41　重命名时间轴

（a）

（b）

（c）

图 7-39　创建时间轴

(b)

图 7-41 重命名时间轴（续）

5. 打开时间轴编辑器

创建了时间轴后，必须要对其进行设置。要打开"Timeline Editor"（时间轴编辑器），只需双击时间轴节点即可。该代码可在"Graphs"选项卡内访问，或者通过"My Blueprint"选项卡的列表来访问。

6. 编辑时间轴（表 7-6）

表 7-6　编辑时间轴

按钮/选框	描述
f+	添加新的浮点轨迹到时间轴，以对标量浮点值进行动画处理
V+	添加新的向量轨迹到时间轴，以对浮点向量值（例如旋转值或平移值）进行动画处理
O+	添加一个事件轨迹，该轨迹会提供另一个执行输出引脚，此引脚将在轨迹的关键帧时间处被触发
C+	添加新的线性颜色轨迹到时间轴，以对颜色进行动画处理
曲线+	添加外部曲线到时间轴。此按钮仅在内容浏览器中选择外部曲线后才能被激活
Length 5.00	为时间轴设置回放长度

续表

按钮/选框	描述
Use Last Keyframe?	如果此按钮未激活，将忽略序列的最后关键帧。这可以帮助防止动画循环时被跳过
AutoPlay	如启用该按钮，此时间轴节点无须输入即可开始，并且将在关卡一开始就开始播放
Loop	如启用该按钮，除非通过 Stop 输入引脚来停止，否则，时间轴动画将会无限制地重复播放
Replicated	如启用，时间轴动画将跨客户端被复制

时间轴可以通过对"Graphs"选项卡的时间轴节点双击来编辑，或者在"My Blueprint"选项卡的时间轴内进行编辑。这样会在新选项卡中打开时间轴编辑器。

7. 时间轴编辑器

时间轴编辑器如图 7-42 所示。

8. 添加轨迹

时间轴使用轨迹来定义单个数据的动画，可以为浮点值、向量值、颜色值或事件，如图 7-43 所示。轨迹可通过单击"Add Track"（添加轨迹）按钮之一来添加到时间轴。举例来说，单击 f+ 按钮来添加轨迹并为新轨迹输入名称，按下 Enter 键来为新浮点轨迹保存名称。

"Track Name"（轨迹名称）：可以在任何时候为此区域内的轨迹输入新名称。

"External Curve group"（外部曲线组）：从内容浏览器中选择外部曲线资源，而不用创建自己的曲线。

"Track timeline"（轨迹时间轴）：此轨迹的关键帧图表。可以把关键帧放置到这里，并且将看到作为运算结果的插值曲线。

在完成编辑轨迹后，该轨迹的数据或事件执行将由与轨迹名称相同的数据或执行引脚来输出。

9. 关键帧和曲线

可以在蓝图的时间轴编辑器中应用关键帧及曲线。

10. 应用关键帧

每个轨迹可以具有多个关键帧，关键帧定义了一个时间和一个数值。通过在这些关键帧之间插值数据来计算在整个时间轴上任何点处的值。

11. 添加关键帧

通过按住 Shift 键并单击灰色条，可以添加关键帧，如图 7-44 所示。

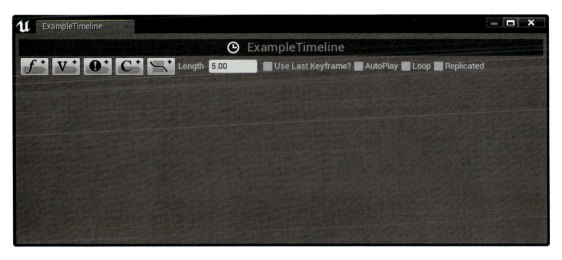

图 7-42 时间轴编辑器

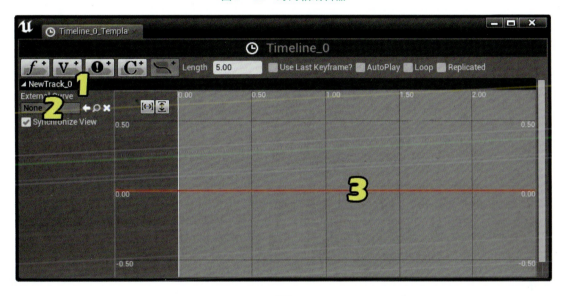

(a)

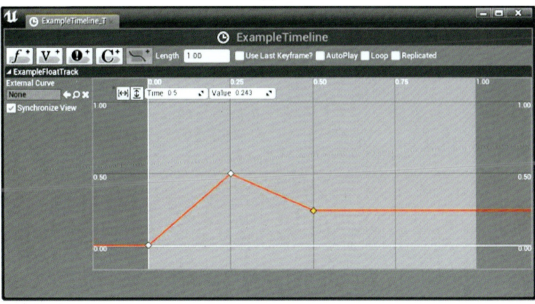

(b)

图 7-43 添加轨迹

(c)

图 7-43　添加轨迹（续）

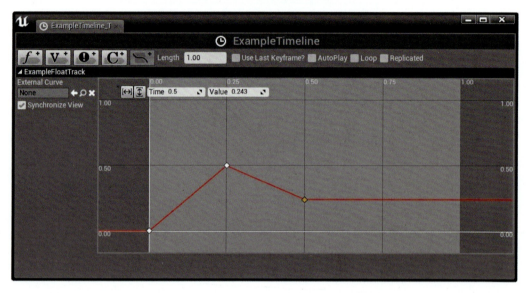

图 7-44　添加关键帧

12. 编辑关键帧

通过单击关键帧并在轨迹顶部附近的时间和数值文本框中输入值，可以设置该关键帧的时间和数值，如图 7-45 所示。

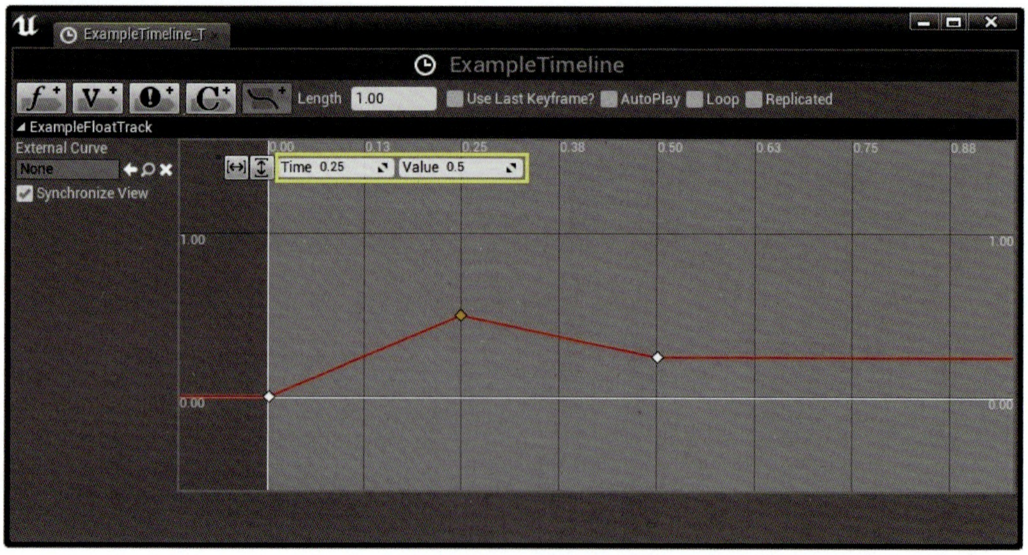

图 7-45　编辑关键帧

13. 删除关键帧

通过按下键盘上的 Delete 键，可以删除选中的关键帧。

14. 移动关键帧

要想沿着时间轴移动关键帧，则选择该关键帧，然后单击并拖曳。通过使用 Ctrl 键，可以选中多个关键帧。水平拖曳关键帧，将会更新该关键帧的时间（Time）；而垂直拖曳关键帧，将会更新数值（Value）。

15. 时间轴节点

通过"Get Play Rate"（获得播放速率）节点返回输入时间轴的当前播放速率。该数值作为浮点值返回，如图 7-46 和表 7-7 所示。

图 7-46 获得播放速率

表 7-7 获得播放速率

名称	类型	描述
输入		
Target	时间轴组件	输入一个时间轴变量
输出		
Return Value	浮点型	输出时间轴的当前播放速率

通过"Get Playback Position"（获得播放位置）节点返回当前播放位置，或输入时间轴上当前时刻的时间。该数值作为浮点值返回，如图 7-47 和表 7-8 所示。

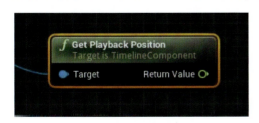

图 7-47 获得播放位置

表 7-8 获得播放位置

名称	类型	描述
输入		
Target	时间轴组件	输入一个时间轴变量
输出		
Return Value	浮点型	输出时间轴的当前播放位置

通过"Get Timeline Length"（获得时间轴长度）节点返回输入时间轴的总长度，以浮点型值返回，如图 7-48 和表 7-9 所示。

通过"Is Looping"（是否循环）节点返回一个布尔值。如果输入时间轴正在循环，则返回 True；如果输入时间轴没有循环，则返回 False，如图 7-49 和表 7-10 所示。

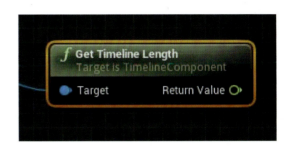

图 7-48 获得时间轴长度

表 7-9 获得时间轴长度

名称	类型	描述
输入		
Target	时间轴组件	输入一个时间轴变量
输出		
Return Value	浮点型	输出时间轴的总播放长度

图 7-49 是否循环

表 7-10 是否循环

名称	类型	描述
输入		
Target	时间轴组件	输入一个时间轴变量
输出		
Return Value	布尔型	输出循环属性的值

通过"Is Playing"（是否正在播放）节点返回一个布尔值。如果输入时间轴正在播放，则返回 True；如果输入时间轴没有播放，则返回 False，如图 7-50 和表 7-11 所示。

通过"Is Reversing"（是否正在反向播放）节点返回一个布尔值。如果输入时间轴正在反向播放，则返回

图 7-50 是否正在播放

表 7-12 是否正在反向播放

名称	类型	描述
输入		
Target	时间轴组件	输入一个时间轴变量
输出		
Return Value	布尔型	输出是否正在反向播放该时间轴

True；如果输入时间轴没有反向播放，则返回 False，如图 7-51 和表 7-12 所示。

表 7-11 是否正在播放

名称	类型	描述
输入		
Target	时间轴组件	输入一个时间轴变量
输出		
Return Value	布尔型	输出是否正在播放该时间轴

※ 7.5　键盘快捷键蓝图节点

键盘快捷键蓝图节点汇总如图 7-52 所示。

序列：蓝图程序能够并行执行的任务和命令，如图 7-53 所示。

注释：可以给单个或者多个节点写注释。

Delay（延迟）：让蓝图程序运行到此节点时延迟设定好的时间数，如图 7-54 所示。

ForEachLoop：数组部分常用节点，在数组中执行数组循环。

Gate（门）：流程控制节点，满足对应条件后，即可执行之后的蓝图程序，如图 7-55 所示。

MultiGate（多门）：流程控制节点，可以控制蓝图程序按顺序或随机输出，如图 7-56 所示。

分支：流程控制节点，进行"真"与"假"判断，如图 7-57 所示。

DoOnce：流程控制节点，控制蓝图程序在该节点通过执行的次数仅为一次，如图 7-58 所示。

图 7-51 是否正在反向播放

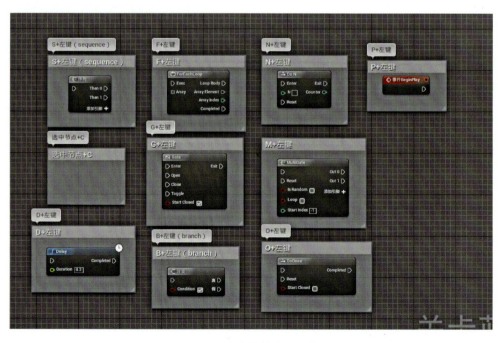

图 7-52 键盘快捷键蓝图节点

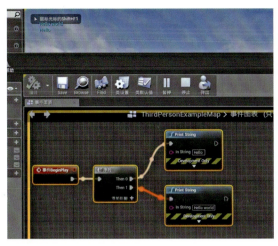

图 7-53 序列节点

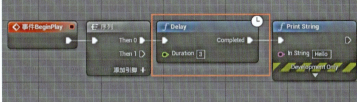

图 7-54 Delay 节点

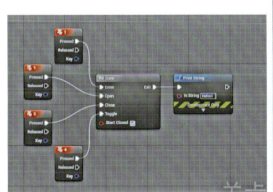

图 7-55 Gate 节点

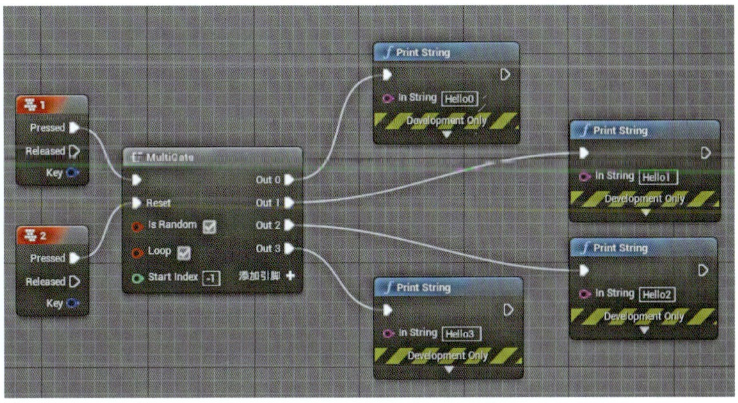

图 7-56 MultiGate 节点

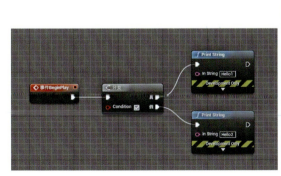

图 7-57 分支节点

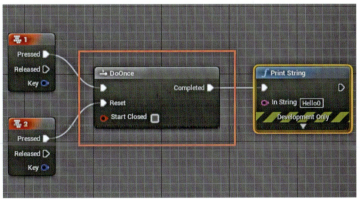

图 7-58 DoOnce 节点

Do N：流程控制节点，可以让蓝图程序在该节点通过执行的次数为 N 次，如图 7-59 所示。

事件 BeginPlay：运行播放蓝图功能，立即发出仅执行一次蓝图程序的命令，如图 7-60 所示。

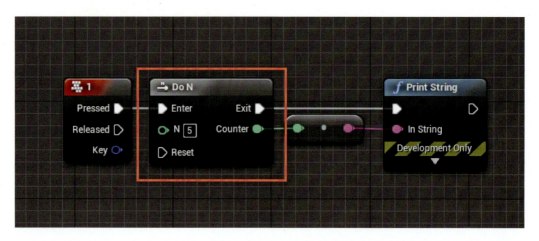

图 7-59 Do N 节点

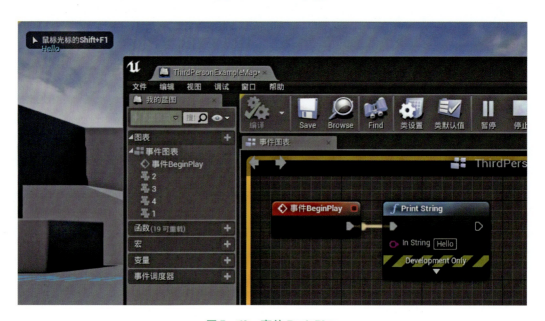

图 7-60 事件 BeginPlay

第 8 章
蓝图流程控制

本章对蓝图流程控制进行讲解，如图 8-1 所示。

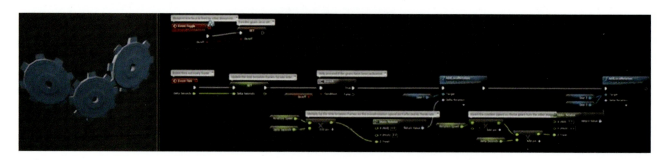

图 8-1 蓝图流程控制

※ 8.1 蓝图数组

1. 添加（ADD）

添加节点输入一个数组和一个变量。它将该变量插入数组的尾部，并相应地增加数组的大小，如图 8-2 所示。

图 8-2 添加

2. 清除（CLEAR）

清除节点将清除相连接的数组中的所有数据，重置数组，并删除数组中的所有索引值，如图 8-3 所示。

图 8-3 清除

3. 包含（CONTAINS）

包含节点允许搜索一个数组来查找特定项目。如果找到了该项目，那么该节点输出 True；否则，输出 False。它不会返回找到该项目所处的索引值，如图 8-4 所示。

图 8-4 包含

4. 过滤数组（Filter Array）

过滤数组节点输入一个类型为 Actor（或其任何子项）的数组，并基于输入的类（Class）过滤该数组。所得结果是一个新数组，仅包含原始数组中与相连的类的类型相匹配的项目，如图 8-5 所示。

5. 过滤项目（FIND）

过滤项目节点输入一个数组和一个变量，然后查找在数组中第一次找到那个变量的值时该值所处的索引编号，如图 8-6 所示。

图 8-5 过滤数组

图 8-6 过滤项目

6. 获取（GET）

获取节点输入一个数组和一个整型值，该整型值用作索引编号。然后返回在索引编号处找到的数组值，如图 8-7 所示。

图 8-7 获取

7. 最后一个索引值（LAST INDEX）

最后一个索引值节点返回数组中最后一个值的索引编号，如图 8-8 所示。

8. 长度（LENGTH）

长度节点返回数组的大小或数组中元素项的个数。如果数组中有 N 个对象，那么 Length 将返回 N，而数组的有效索引值是从 0 到 N-1，如图 8-9 所示。

9. 删除索引（REMOVE INDEX）

删除索引节点通过使用项目的索引编号来从数组中删除那个项目。所有其他的索引编号将会自动更新来弥补该空缺，如图 8-10 所示。

图 8-8 最后一个索引值

图 8-9 长度

图 8-10 删除索引

10. 删除（REMOVE）

删除节点将通过输入一个变量值来从数组中删除一个项目。如果在数组中找到了那个值，则删除它。所有其他的索引编号将会自动更新来弥补该空缺。这个节点具有布尔值输出，如果找到了该项目并将其删除了，则返回 True，如图 8-11 所示。

图 8-11 删除

11. 设置数组元素（Set Array Elem）

设置数组元素节点允许将一个数组的一个特定索引设置为特定的值，如图 8-12 和图 8-13 所示。

（1）存储数组

和变量值一样，蓝图也可以在数组中存储数据。如果不熟悉编程术语，可以把数组想象成存在于一个单元中的一组变量。

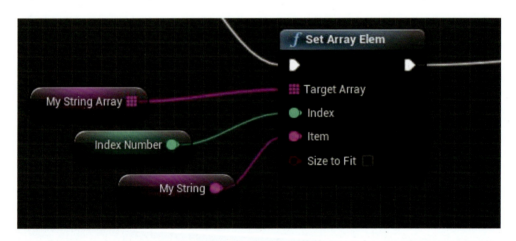

图 8-12 设置数组元素

图 8-13 不同类型数组

数组仅能存放一种类型的值。比如，布尔型数组仅可以存放布尔值。

数组变量包含一个 3×3 的带颜色网格，表明它们是数组，不是正常的变量。在没有连接的数组中，其网格的中心是黑的。一旦连接，整个网格将会可见，如图 8-14 所示。

（2）创建数组

创建数组非常简单，仅需在创建变量时单击 Array（数组）网格图标即可，如图 8-15 所示。

一旦选择了该图标，新建的项就是一个数组，而不

第8章 蓝图流程控制

图 8-14 数组变量

图 8-15 数组类型选择

是标准的变量。

（3）编辑数组

可以通过蓝图默认设置或者沿着蓝图节点网络的任何点来编辑数组的值。这些网络可以存在于构建脚本、函数、宏或事件图表中。

（4）数组默认值

设置数组的默认值非常简单。简单地创建必要的数组，进入"Class Defaults"（类默认值）选项卡或者蓝图编辑器的默认值模式，将看到一个以数组命名的部分，如图 8-16 所示。

图 8-16 数组默认值

如果在类默认值中没有看到数组，请确保在创建数组之后已经编译了蓝图。

要想编辑数组的默认值，在"Class Defaults"选项卡中单击按钮，将会创建一个新的索引。重复多次执行这个操作，直到满足了想让数组包含的元素数为止，如图 8-17（a）所示。

适当地设置每个值，注意设置值的方式是由所使用的数组类型决定的，如图 8-17（b）所示。

要想插入、删除或复制一个数组索引，则单击元素项旁边的按钮来调出编辑菜单。如果从列表的中间添

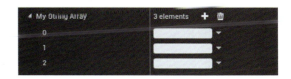

(a)

(b)

图 8-17 创建索引值

加或删除索引，那么其他的编号将会自动更新，如图8-18所示。

图8-18 自动更新

（5）通过节点网络设置数组值

如果数组要在运行时进行赋值，那么一般不使用默认值，此时将在构建脚本或事件图表中使用节点来填充每个索引。比如，可以使用ADD或INSERT节点来添加一个新值到下一个可用索引处，或者插入一个值到给定索引处，如图8-19所示。

图8-19 设置数组组值

※ 8.2 Actor空间变换

1. 概述

变换Actor是指移动、旋转或缩放Actor，这是关卡编辑过程中的一个重要部分。

2. Actor移动性

移动性（Mobility）设置控制是否允许在游戏过程中以某种方式移动或改变Actor。该设置主要应用于静态网格物体Actor及光源Actor，如图8-20所示。

当移动性属性可用时，它有三种状态，见表8-1。

3. 手动变换

"Details"（详细信息）面板的"Transform"（变换）部分允许查看及编辑选中Actor的"Location"（位置）、"Rotation"（旋转度）和"Scale"（比例）变换属性。在适用的情况下，也会包含Actor移动性的设置，如图8-21所示。

每种变换属性具有针对X、Y和Z轴的数值文本框。可以直接在这些文本框中输入精确的数值来调整选中的

图8-20 Actor空间变换

表8-1 移动性的三种状态

移动性状态	描述
Static（静态）	Static是为在游戏过程中不能以任何方式移动或更新的Actor预留的。 静态网格物体Actor，如果其Mobility属性是Static，那么将会在预计算光照贴图（Lightmass烘焙的光照）上产生阴影。这使得它们非常适合游戏中不需要变换位置的建筑物网格物体或装饰性网格物体。但是，它们的材质仍然可以产生动画。 光源Actor，如果其Mobility属性是Static，那么将会影响预计算光照贴图（Lightmass烘焙的光照）。由于间接光照缓存的存在，它们仍然会照亮动态物体。对于移动设备的处理流程来说，这是理想的光照应用方法，因为从本质上讲，它不影响游戏性能
Stationary（固定）	Stationary用于不移动但可以在游戏中以某种方式更新的光源Actor，比如打开/关闭光源、改变光源的颜色等。以这种方式设置的光源仍会影响Lightmass预计算光照贴图，同时也可以投射移动对象的动态阴影。但是不要使用太多这样的光源去影响一个给定的Actor。静态网格物体Actor的属性不能是Stationary的

续表

移动性状态	描述
Movable（可移动）	Movable 仅在当 Actor 在游戏过程中需要移动时应用。 　　静态网格物体 Actor，如果其属性为 Movable，那么将不会投射预计算阴影到光照贴图中。由于间接光照缓存的存在，因此它们仍然会被静态光源 Actor 照亮。如果固定光源或可移动光源照亮了它们，它们将投射动态阴影。这是所有不发生变形且需要在场景中移动的网格物体元素的典型设置，比如地面、电梯等。 　　光源 Actor，如果属性是 Movable，那么它仅能投射动态阴影。因此，当应用很多这样的光源投射阴影时，一定要小心，因为它们投射阴影的方法是性能消耗最大的。但需要注意的是，由于虚幻引擎有延迟渲染系统，因此不投射阴影的可移动光源的性能消耗是非常低的

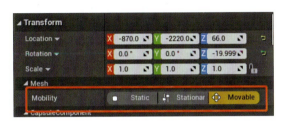

图 8－21　Actor 变换属性

Actor。当选中了多个 Actor 且其属性值各不相同时，这些文本框将会显示多个值。在这些情况下，输入一个值将会导致为所有选中的 Actor 输入这个值。

"Rotation" 文本框有一个独特的功能，它可以用作滑块。单击并拖曳该文本框时，将改变这个值，根据移动鼠标的距离来增加或减小该值。

"Scale" 文本框也可以通过单击 按钮进行锁定。当锁定了该文本框后，将会维持每个坐标轴的缩放比例；当单独修改任何一个值时，会进行均匀缩放。

变换属性默认是相对变换。这意味着，变换是相对于组件的父项进行的。每个属性标签都有超链接，可以通过单击该链接在绝对变换和相对变换之间切换。当使用绝对变换时，变换是相对于世界空间进行的，而不是相对于父项。

4. 交互式变换

可以使用视口中的可视化工具和控件来变换 Actor。通过使用该控件，可以使用鼠标直接在视口中移动、旋转及缩放该 Actor。这种方法的优缺点与手动变换方法正好相反。尽管非常直观，但却不是很精确。对于这个问题，拖曳网格、旋转网格及缩放网格可辅助呈现更好的精确度。对齐到已知数值或者按照已知增量进行对齐，使得可以对其进行更加精确的控制。

视口中用于操作 Actor 的可视化工具称为变换控件。一般地，一个变换控件由几个部分组成，每个部分具有不同的颜色，对应着它们所影响的坐标轴：

红色意味着影响 X 轴。
绿色意味着影响 Y 轴。
蓝色意味着影响 Z 轴。

根据所执行的变换类型（平移、旋转或缩放）的不同，变换控件呈现不同的形式。可以通过在视口的右上角部分的工具条中单击它的图标，来选择想使用的变换控件的类型，如图 8－22 所示。

图 8－22　Actor 变换类型（平移、旋转或缩放）选项

可以通过按下键盘上的空格键，在不同类型的变换控件间切换。

5. 平移控件

平移控件由一组带颜色的箭头组成，这些箭头分别指向坐标系中每个坐标轴的正方向。每个箭头实质上是一个手柄，可以拖曳该手柄来沿着特定的坐标轴移动选中的 Actor。当鼠标光标悬停到其中一个手柄上时，手柄变为黄色，表示拖曳操作将沿着那个坐标轴移动该对象，如图 8－23 所示。

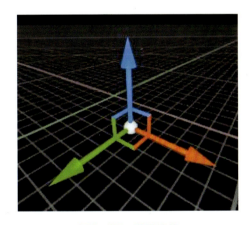

图 8－23　平移控件

同时，每个手柄上会伸出沿着其他两个坐标轴方向的线，这些线最终彼此汇合到一起。这些线构成了沿着每个平面（XY、XZ、YZ）方向的四边形。鼠标悬停到其中一个四边形上，将会使那个四边形和相关的箭头变为黄色。可以沿着由两个坐标轴定义的平面移动该 Actor。

在三个坐标轴相交的地方，有一个小的白色球体。当鼠标悬停到该球体上时，它的颜色变为黄色，表示可以拖曳它。通过拖曳中心球体，可以在空间中自由地相对于场景相机移动该 Actor，从而潜在地改变沿着三个坐标轴的位置值。

6. 旋转控件

旋转控件是三个带颜色的弧，每个弧和一个坐标轴相关联。当拖曳其中一个弧时，选中的 Actor 则沿着那个坐标轴旋转。在旋转控件中，受到任何相关弧影响的坐标轴都和弧本身垂直。这意味着沿着 XY 平面的弧实际上将会围绕 Z 轴旋转 Actor，如图 8 - 24 所示。

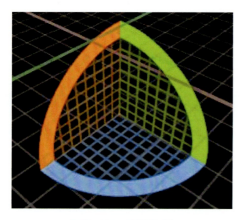

图 8 - 24　旋转控件

当鼠标悬停到一个特定弧上时，该弧会变为黄色，表示可以通过拖曳它来改变 Actor 的旋转度。

当通过拖曳来旋转选中的 Actor 时，控件会改变形状，仅显示 Actor 围绕其进行旋转的坐标轴。旋转量可以实时显示，以便帮助调整操作过程，如图 8 - 25 所示。

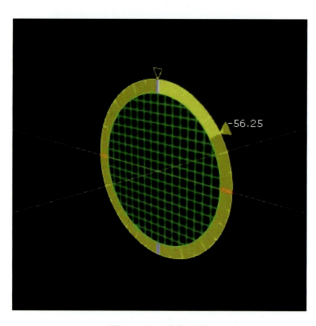

图 8 - 25　改变形状

缩放控件具有带颜色的手柄，手柄的尾部有小的立方体形状。当通过其中一个手柄拖曳控件时，仅可以沿着相关的坐标轴缩放选中的 Actor。这些手柄是按坐标轴进行着色的，与平移控件及旋转控件类似，如图 8 - 26 所示。

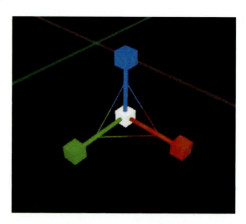

图 8 - 26　缩放控件

可以同时沿着两个轴缩放 Actor，与使用平移控件同时沿着两个坐标轴定义的平面移动 Actor 一样。每个缩放控件的手柄会伸出一条线，这些线彼此交汇到一起。这些线构成了沿着其中一个平面（XY、XZ、YZ）的三角形。拖曳其中一个三角形，则沿着定义那个平面的两个坐标轴缩放该 Actor。当鼠标悬停到其中一个三角形上时，相关的手柄将变为黄色。

也可以沿着三个坐标轴缩放 Actor，从而维持其原始比例。如果将鼠标悬停到三个坐标轴交互的立方体处，那么三个手柄全都变为黄色。通过拖曳中心的立方体，可以按比例缩放该 Actor。

7. 对齐

这三个手动变换工具都可以让其值对齐到特定的增量值。这对于在关卡中精确地放置对象是有用的。在 UE4 中，可以通过 3 种不同的方式来完成对齐处理，如图 8 - 27 所示，分别为拖曳网格、旋转网格、缩放网格。

8. 拖曳网格、旋转网格及缩放网格

拖曳网格允许对齐到场景中的一个三维隐性网格上。旋转网格提供了增量旋转对齐。缩放网格（Scale Grid）强制缩放控件对齐到附加的增量值，但是可以在对齐偏好设置中设置为百分比值。

每个对齐网格可以通过单击视口工具条中的相应图标来激活。当激活时，该图标将会突出显示。每个网格的增量可以通过它们激活按钮右侧的下拉菜单进行修改。

9. 对齐的偏好设置

拖曳网格、旋转网格、缩放网格的设置都可以在编辑器偏好设置中进行，同时，还可以有其他几个对齐行为方面的设置。

这些偏好设置可以通过从主工具条中选择"Edit"（编辑）→"Editor Preferences"（编辑器偏好设置）→"Viewports"（视口）并滚动到"Grid Snapping"类目来

进行访问，如图8-28所示。

拖曳网格　　　　　　　　　　　旋转网格

缩放网格

图8-27　拖曳网格、旋转网格及缩放网格

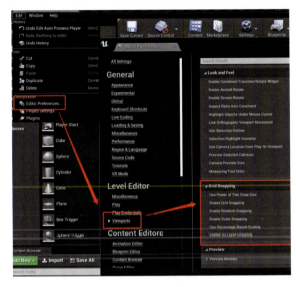

图8-28　对齐的偏好设置

10. 用户定义的增量

当使用拖曳网格、旋转网格或缩放网格时，可能注意到每个工具的下拉菜单中包含一列预制增量和一列用户定义的增量，如图8-29所示。

图8-29　用户定义的增量

要想填充用户定义的列表，可以使用对齐偏好设置中的数组属性，如图8-30所示。

Grid Sizes（网格大小）：存放了用户为平移控件定义的对齐增量。

Rotational Snap Intervals（旋转度对齐间隔）：存放了用户为旋转控件定义的对齐增量。

图8-30　填充用户定义的列表

Scale Grid Sizes（缩放网格大小）：存放了用户为缩放控件定义的对齐增量。

※ 8.3　蓝图之间通信

1. 直接蓝图通信

直接蓝图通信（Direct Blueprint Communication）是最常见的蓝图通信方法，当有两个蓝图并且想要它们在某个时刻彼此交流时，它可以提供良好的效果。这种交流总是一对一的，这意味着一个蓝图（工作蓝图（Working Blueprint））请求访问另一个蓝图（目标蓝图（Target Blueprint））。直接蓝图通信最简单的使用方法是通过公开的对象变量获得对目标蓝图的参考，然后指定要访问该蓝图的哪个实例。

2. 一般工作流程

为了使用直接蓝图通信，需要做的第一件事是识别将要通信的蓝图，如图8-31所示。

在图8-31中，有一个角色蓝图和希望角色能够关闭的吊灯蓝图。

在这个实例中，工作蓝图是角色蓝图，而目标蓝图则是吊灯蓝图。通过直接蓝图通信，可以假定，当玩家角色按下按钮时，锁定吊灯蓝图为目标并关闭吊灯。为

图 8-31　直接蓝图通信交互

图 8-32　直接蓝图通信交互（1）

此，需要在角色蓝图中创建一个公开展示的变量，并以吊灯蓝图为目标，如图 8-32 所示。

在角色蓝图中，已经创建了蓝图吊灯类型的一个变量，还将它设置为可编辑，这将允许设置希望在关卡中影响的光源实例。

需注意公开了哪些变量、函数和事件。切勿公开变量，除非其他人可以安全地访问和更改它们。作为最佳实践指南，公开其他蓝图需要的内容及希望关卡设计师能够更改的内容即可，而不是公开所有内容。

在选择了角色蓝图的关卡中，可以看到能够从细节面板中设置的新变量，如图 8-33 所示。

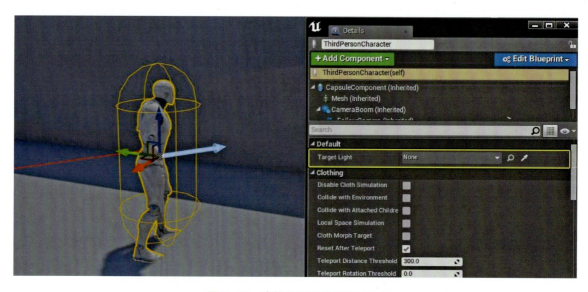

图 8-33　直接蓝图通信交互（2）

默认情况下，该变量设置为"None"，并且必须设置为定义想要影响的吊灯实例，因为关卡可能有多个吊灯，并且需要定义想要与哪个吊灯通信。可以单击下拉菜单（或滴管图标），从关卡中进行选择并指定要与哪个实例通信，如图 8-34 所示。

由于关卡中只有一个吊灯，所以仅显示一个；如果有更多的吊灯，则它们会在下拉列表中列示。

一旦定义了要直接与之通信的实例，就能从角色蓝图中访问该光源的功能、变量或其他设置。

相反，如果根据函数调用的结果设置了变量，应该会在日志中看到一个警告，提醒变量发生了"Access None"（无访问对象）异常。如果打开了"Message Log"（消息日志）窗口，它应该提供一个指向导致问题的节点的可单击链接。

3. 直接蓝图通信案例演示

案例：在两个蓝图之间进行通信和信息传递。

在此案例中，玩家将通过箱子传递信息，启用一个粒子特效（并与其形成通信）。启用物体破碎插件，操作如图 8-35 所示。

此指南使用启用新手内容的 Blueprint Third Person 模板。在"Content Browser"中打开 Content/StarterContent/Shapes 文件夹。右键单击"Shape_Cube"，然后在"Asset Actions"下选择"Create Blueprint Using This…"，如图 8-36 所示。

在创建蓝图的确认框上单击"OK"按钮。

在 Shape_Cube 蓝图中，选择"Components"窗口左上角的"Static Mesh"。

在"Details"面板中，将"Collision Presets"改为"OverlapOnlyPawn"，如图 8-37 所示。

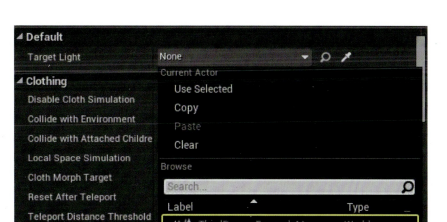

图8-34 直接蓝图通信交互（3）

图8-35 直接蓝图通信案例（1）

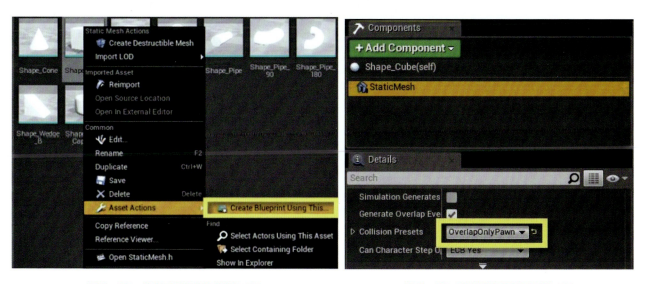

图8-36 直接蓝图通信案例（2）　　　　　图8-37 直接蓝图通信案例（3）

此设置可确保只有 Pawn 和扩展而来的角色才可通过方块。

在"My Blueprint"窗口中,单击"Add Variable"按钮,将变量命名为"TargetBlueprint",如图 8-38 所示。

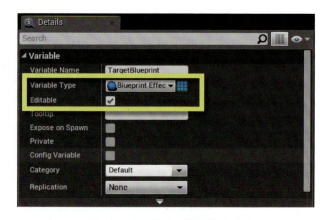

图 8-39 直接蓝图通信案例(5)

图 8-38 直接蓝图通信案例(4)

这便是需要直接进行通信的另一个蓝图。

在此变量的"Details"面板中,将 Variable Type 设"Blueprint Effect Fire",并勾选"Editable",如图 8-39 所示。

在此对需要通信的蓝图进行设置,并将变量设为可公开编辑(在蓝图外进行编辑)。

在"My Blueprint"窗口中选择"StaticMesh",然后在"Details"面板中添加一个"On Component Begin Overlap"事件,如图 8-40 所示。

此操作将添加一个节点并打开事件图表,在此可提供进入方块时发生的脚本。将"Target Blueprint"的引出连线连接"Target P Fire"和"Target Fire Audio",然后再连接到 Activate 节点,如图 8-41 所示。

在目标蓝图中访问粒子效果和音频组件,并将它们启用。

在"Content Browser"的"Blueprints"中,将"Shape_Cube"蓝图拖入关卡,如图 8-42 所示。

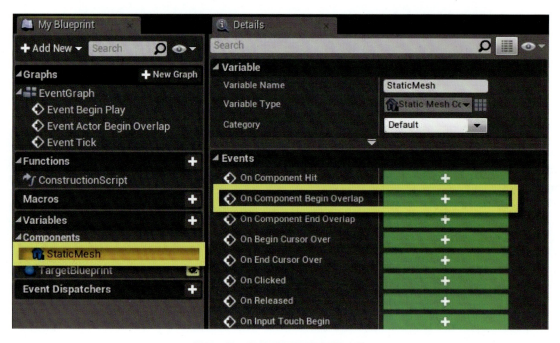

图 8-40 直接蓝图通信案例(6)

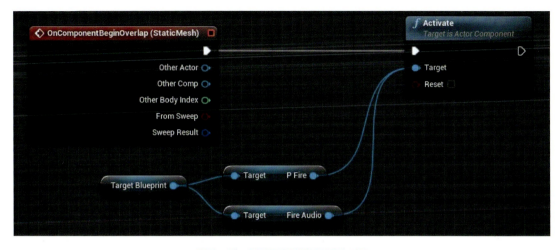

图 8-41　直接蓝图通信案例（7）

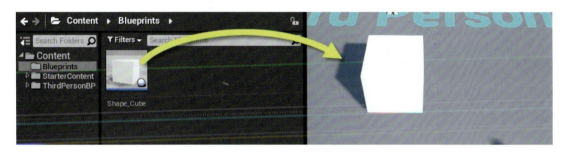

图 8-42　直接蓝图通信案例（8）

打开内容浏览器中 Content/StarterContent/Blueprints 文件夹下的 Blueprint_Effect_Fire 蓝图。

在"Components"窗口中选择"P_Fire"，然后在"Details"面板中取消勾选"Auto Activate"，如图 8-43 所示。

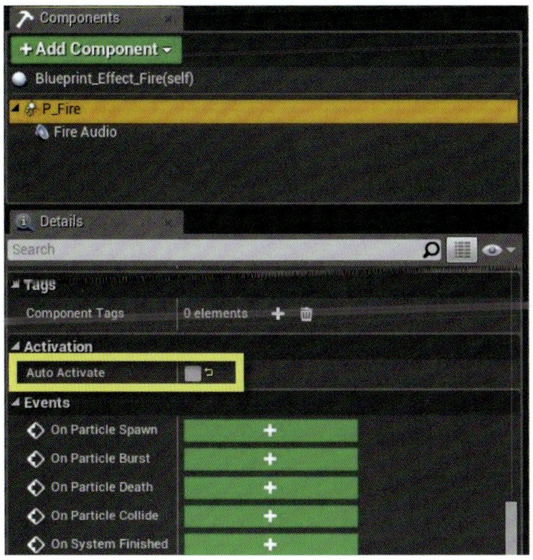

此特效不需要自动开启。进入关卡中的方块后，才会对其发出开启指令。

将 Blueprint_Effect_Fire 蓝图拖入关卡。在"Details"面板中选择"Shape_Cube"蓝图，使用下拉菜单选择"Blueprint_Effect_Fire"蓝图，如图 8-44 所示。

此操作将在关卡中指定需要进行通信的 Blueprint_Effect_Fire 蓝图实例。如果关卡中放置有多个 Blueprint_Effect_Fire 蓝图实例，则每个实例都将显示在下拉菜单中，以便确定哪个实例是 Target Bluperint 进行通信的对象。

单击滴管图标即可选择关卡中的 Target Bluperint 实例，无须使用下拉菜单。注意，只能基于指定的变量类型选择目标蓝图。

单击"Play"按钮即可在编辑器中测试角色穿过方块。

角色进入方块后，关卡中将出现火焰特效。使用直接蓝图通信不仅可以从一个蓝图中变更另一个蓝图的属性，还可以传递变量值、调用函数或事件等。

图 8-43　直接蓝图通信案例（9）

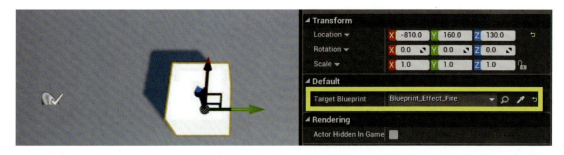

图8-44 直接蓝图通信案例（10）

※ 8.4 自定义事件

和事件（Events）一样，自定义事件（Custom Events）具有一个用于执行的输出引脚和可选的输出数据引脚。但是，自定义事件是由用户创建的，并且可以在一个图表中多次调用它们。它们定义了一个执行独立网络的入口点，但是不是通过代码调用它们来执行的，而是依赖于事件图表的其他部分，通过使用自定义事件调用或者通过 CE 或 KE 控制台命令来执行。

自定义事件提供了一种创建自己的事件的方法，可以在蓝图序列的任何地方调用这些事件。当正在把多个输出执行线连接到一个特定节点的输入执行引脚时，使用自定义事件可以简化图表的节点连线网络，甚至可以在一个蓝图的图表中创建自定义事件，而在另一个图表中调用该事件。

创建自定义事件的简单流程：

通过右击并从关联菜单中选择"Add Custom Event"（添加自定义事件）来创建一个自定义事件节点，如图8-45所示。

给这个新事件赋予一个名称，如图8-46所示。

在新事件的详细信息面板中，可以设置当在服务器上调用该事件并添加输入参数时，是否将该事件复制到所有客户端上，如图8-47所示。

要想添加输入参数，单击详细信息面板的"Inputs"（输入）部分的"New"（新建）按钮，如图8-48所示。

命名该新输入参数并使用下拉菜单设置其类型。在这个示例中，有一个字符串型（String）的输入参数"MyStringParam"，如图8-49所示。

也可以通过展开参数项来设置一个默认值，如图8-50所示。

图8-45 创建自定义事件（1）

图8-46 创建自定义事件（2）

图8-47 创建自定义事件（3）

了自定义事件时,将会开始执行那个节点网络。这个自定义事件向屏幕输出了一个字符串。

已经创了自定义事件及其相关的节点网络,但是和常规的事件不同,没有触发自定义事件的预制条件。要想调用自定义事件,右击并从关联菜单中选择"Call Function"(调用函数),选择自定义事件名称,如图8-52和图8-53所示。

图8-48 创建自定义事件(4)

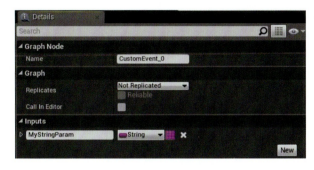

图8-49 创建自定义事件(5)

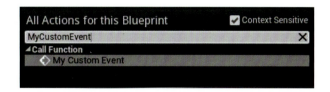

图8-52 调用自定义事件(1)

图8-53 调用自定义事件(2)

自定义事件上设置的任何输入参数在新的节点中都将呈现为输入数据引脚,以便它们可以传入自定义事件中。可以根据需要使用数据连线把任何数据引脚连接到变量或其他数据引脚上。

和常规的事件不同,常规事件在每个图表中每种事件类型仅能调用一次,但是可以在图表中多次调用一个自定义事件。这样,自定义事件就可以把多个执行输出分支连入一个单独的执行输入上,而不需要直接连线,如图8-54所示。

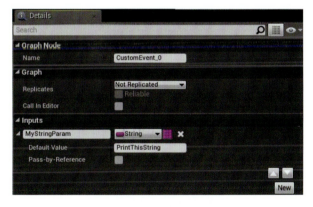

图8-50 创建自定义事件(6)

要想改变节点边缘上这个参数的引脚的位置,则使用展开的详细信息面板项的向下和向上箭头,如图8-51所示。

在这个示例中,如果Is Success布尔变量为False,那么将打印一个错误信息。这个图表的功能和在序列中的Branch节点后面连接Print String节点的功能一样,但是它有个附加功能,即图表中的其他部分可以使用Print String节点,并且图表中两个网络部分的彼此位置不必太近。

如果在自定义事件节点上看到警告,提示"不能找到名称为[Custom Event]的函数",则编译蓝图,如图8-55所示。

如果修改了自定义事件上的输入参数的数量,那么当编译蓝图时,调用该自定义事件的任何节点,都会出现错误,如图8-56所示。

必须刷新调用自定义事件的所有节点。要想刷新一个单独节点或者一组选中的节点,右击这些节点并选择"Refresh Nodes"(刷新节点),如图8-57所示。

图8-51 创建自定义事件(7)

现在,和其他事件或执行节点一样,可以把其他节点附加到自定义事件的输出执行引脚上,这样,当触发

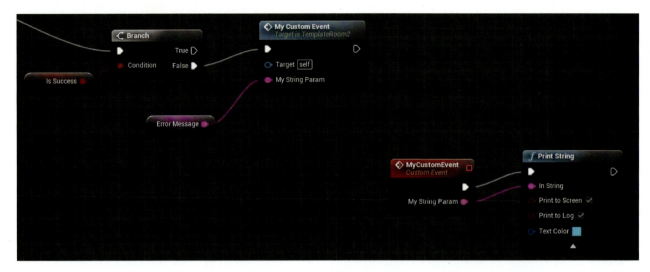

图 8-54 调用自定义事件（3）

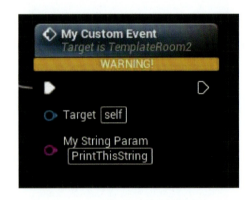

图 8-55 自定义事件疑难解答（1）

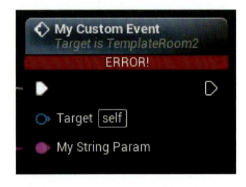

图 8-56 自定义事件疑难解答（2）

图 8-57 自定义事件疑难解答（3）

图 8-58 自定义事件疑难解答（4）

要想刷新图表中的所有节点，则在"File"（文件）菜单中选择"Refresh All nodes"（刷新所有节点）项，如图 8-58 所示。

第 9 章
VR 室内样板间交互功能

本章以 VR 室内样板间作为实战项目开发的教学案例，如图 9-1 所示，以便在开发项目的过程中，让学生上机动手操作，实现相对应的交互功能，操作开发过程有趣且能让学生更好地掌握技能，学以致用。本章涉及开关灯交互功能、开关门交互功能和视频播放功能，这些功能都是 VR 样板间最常使用到的交互功能，学生在学习完本章内容后，可以自己动手开发出一个 VR 样板间体验项目。本次 VR 开发项目案例基于 UE4.21 版本。

切换到运行主视图，把做好的壁灯蓝图类拖到墙壁上，然后单击工具栏的"播放"按钮并控制人物走到壁灯附近，点亮壁灯，即完成最简单的开灯功能，如图 9-10～图 9-12 所示。

图 9-1 VR 室内样板间

图 9-2 开灯交互功能制作（1）

※ 9.1 开关灯交互功能

①在"内容"栏左上角的"过滤器"中，选中"静态网格物体"，找到壁灯，如图 9-2 所示。

②右击，选择"资源操作"，再选中"使用这项创建蓝图"，如图 9-3 所示。这样原来只是个壁灯的静态网格物体转变成拥有蓝图功能的壁灯，就能添加蓝图功能。

在添加组件里搜索"SpotLight"（聚光灯）和"Box"（碰撞盒子），并在视口中调整合适的位置和大小。当选中组件时，右侧的细节栏可以调整相对应的属性参数，如图 9-4 所示。

在添加组件中将"SpotLight"拖到"事件图表"中，如图 9-5 所示。再单击"Box"，在"事件图表"空白处右击，选择如图 9-6 所示内容。红框中是碰撞盒子进入触发和离开触发两种触发事件节点。从"SpotLight"节点拉出并右击，搜索"Set Visibility"，并勾选节点"New Visibility"，最后完成连图，如图 9-7～图 9-9 所示。单击工具栏中的"编译"，取消勾选"SpotLight"细节栏中的 Rendering 原有的"Visibility"。

图 9-3 开灯交互功能制作（2）

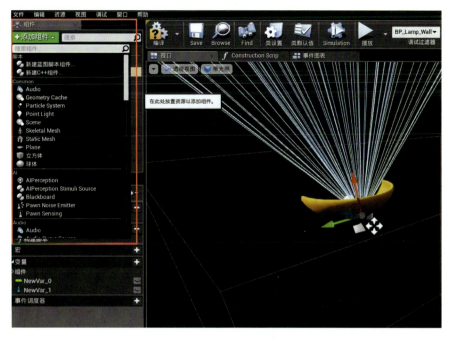

图 9-4 开灯交互功能制作（3）

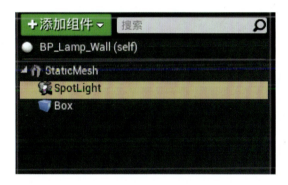

图 9-5 开灯交互功能制作（4）

图 9-6 开灯交互功能制作（5）

图9-7 开灯交互功能制作（6）

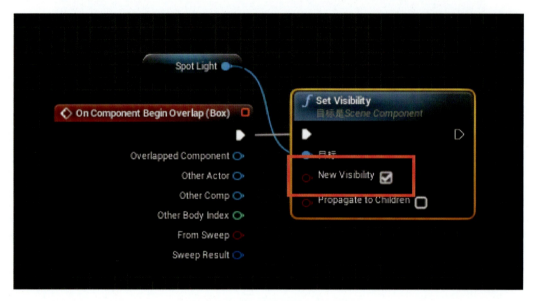

图9-8 开灯交互功能制作（7）

图9-9 开灯交互功能制作（8）

互的项目案例进行讲解分析，如图9-13和图9-14所示。

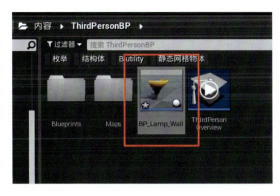

图9-10　开灯交互功能制作（9）

图9-13　开关门交互功能制作（1）

图9-11　开灯交互功能制作（10）

图9-14　开关门交互功能制作（2）

在内容浏览器中选择文件夹，并在空白处右击，新建一个蓝图类，选择"Actor"，并重命名为"Door"，如图9-15所示。

图9-12　开灯交互功能制作（11）

图9-15　开关门交互功能制作（3）

※ 9.2　开关门交互功能

开关交互的实现，是场景中的物体进行开关交互的功能时经常用到的，所以本节以开关门作为开关交

进入蓝图编辑器界面，然后在"添加组件"中选择"Static Mesh"并重命名"Door Frame"。再添加一个"Static Mesh"，重命名为"Door"，并且把"Door"从

"Door Frame"下面拉出，取消子父集关系，设置为同级组件，如图9-16所示。

图9-16 开关门交互功能制作（4）

添加静态网格物体组件，如图9-17所示。

图9-18 开关门交互功能制作（6）

图9-17 开关门交互功能制作（5）

添加静态网格物体门框和门，如图9-18和图9-19所示。

图9-19 开关门交互功能制作（7）

在组件栏中选择"DoorFrame",在右侧细节栏"Static Mesh"搜索栏中输入"doorframe",找到门框模型进行替换。在组件栏中选择"Door",门模型的替换同理操作。把门框和门组装到合适位置,如图9-20所示。

图9-20 开关门交互功能制作(8)

再添加"Collision Box"(碰撞盒子),当控制的角色走进碰撞盒子的范围内时,碰撞盒子的节点就会发出信号,以此来触发开门的动作。选中视口,在该窗口内调整Collision Box到合适的大小,罩住整个门的模型。如图9-21所示。

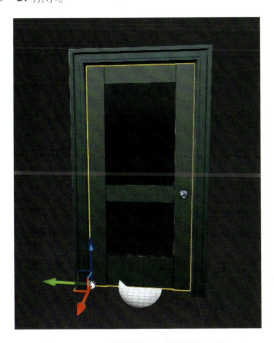

图9-21 开关门交互功能制作(9)

添加碰撞体,用来触发开门事件,如图9-22和图9-23所示。

图9-22 开关门交互功能制作(10)

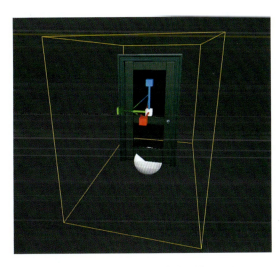

图9-23 开关门交互功能制作(11)

展开"事件图表",单击组件中的"门"并拖到"事件图表"中。选中"Box"(碰撞盒子),在"事件图表"中右击,选择"为Box添加事件",再选择"碰撞",调出"添加On Component Begin Overlap"和"添加On Component End Overlap",如图9-24~图9-26所示。

从"On Component Begin Overlap"的执行引脚(三角)拉出一条线,松开后在搜索栏中输入"时间轴",调用时间轴节点。然后双击时间轴节点,添加浮点型参数,设置好浮点型轨迹的参数,如图9-27~图9-29所示。

图 9-24 开关门交互功能制作（12）

图 9-25 开关门交互功能制作（13）

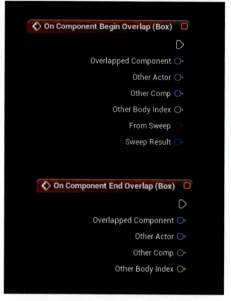

图 9-26 开关门交互功能制作（14）

第9章 VR室内样板间交互功能

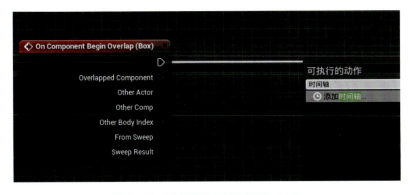

图 9-27　开关门交互功能制作（15）

图 9-28　开关门交互功能制作（16）

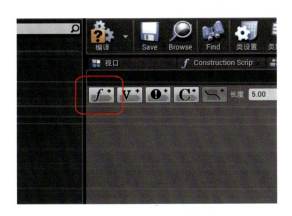

图 9-29　开关门交互功能制作（17）

在时间轴上添加关键帧，如图 9-30 和图 9-31 所示。

右击"SetRelativeRotation"中的"New Rotation"，选择"Split Struct Pin"，打散 Rotation 的参数，分别独立出 X、Y、Z 三个轴，这样就可以单独控制门的转动，因为门只要控制 Z 轴旋转，所以只要控制 Z 轴的变化即可，如图 9-32 所示。

时间轴上的"Play"引脚控制时间轴开始按照先前设定好的浮点型轨迹进行播放；当触发信号执行时，"Reverse"引脚控制时间轴从当前执行的状态倒放动作，如"Play"执行开门动作，触发信号到"Reverse"引脚，则执行关门动作，完整开关门蓝图功能，如图 9-33 所示。

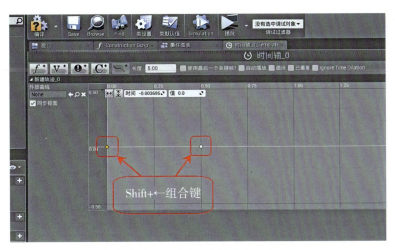

图 9-30　开关门交互功能制作（18）

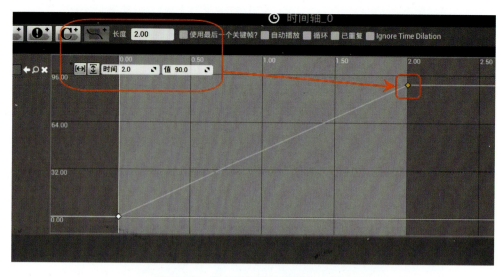

图 9-31　开关门交互功能制作（19）

图 9-32　开关门交互功能制作（20）

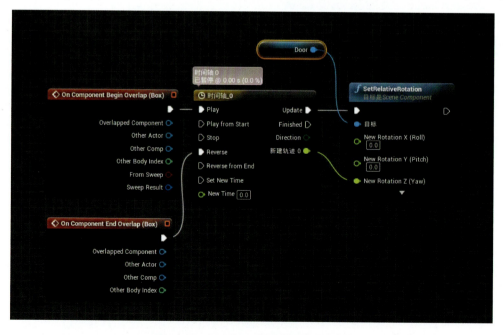

图 9-33　开关门交互功能制作（21）

退出 Door 的蓝图类窗口,在内容浏览器选中"内容",再在过滤器边上的搜索栏中输入"door"进行筛选,将 Door 蓝图类拖到场景中合适的位置即可,如图 9-34 所示。

图 9-34 开关门交互功能制作(22)

选择 SM_Door 静态网格物体,单击进入,在"碰撞"选项中添加"Add Box Simplified Collision"碰撞体,让小白人角色不能从门里面穿过。退出添加碰撞体窗口后,在主视口单击"播放"按钮,尝试控制角色移动到门前,并打开门,实现蓝图开关门交互功能,如图 9-35 所示。

开关门最终效果如图 9-36 所示。

图 9-36 开关门交互功能完成

图 9-35 开关门交互功能制作(23)

※ 9.3 多媒体播放器播放功能

本节以多媒体播放的实现作为项目案例。在开发项目中,多媒体可以播放插入的视频或音效,例如样板间中的电视等需要用到多媒体功能。

由于将视频导入 UE4 中时，会出现只能播放视频内容却无法播放音频的问题，因此要将播放的视频用格式工厂另外转成 WAV 格式的音频，如图 9-37 和图 9-38 所示。

图 9-39 新建 "movies" 的文件夹

图 9-37 视频格式转换（1）

图 9-40 导入音频文件（1）

图 9-38 视频格式转换（2）

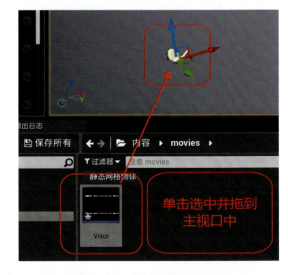

图 9-41 导入音频文件（2）

新建 "movies" 的文件夹，用来存放导入的 .mp4 格式的视频，如果不新建这个文件夹，则把视频导入其他文件夹中时，UE4 是无法调用该视频的。先将转换好的音频文件导入 "movies"，选中导入的音频文件并拖入场景中，如图 9-39～图 9-41 所示。

根据项目需求调整音频文件的参数，在"细节"栏中双击 "Sound" 图标调出通用资源编辑器，主要调节设置 Looping（循环）、Volume（音调）、Pitch（音高）等参数，如图 9-42 和图 9-43 所示。

取消勾选 "Auto Activate"，如图 9-44 所示。如果勾选，则默认在项目一开始就自动播放音频。

首先选中场景中的喇叭样的图标，然后单击"打开关卡蓝图"。在关卡蓝图中右击，选择"创建一个到 voice 的引用"。事件节点 "1" 是指字母键上面的数字 1，可以通过按 1 键来发出触发信号。"FlipFlop" 节点的功能是来一次触发信号先执行 A 通道，再来一次触发信号执行 B 通道，A、B 两个通道循环执行，从而实现音频播放的蓝图功能，如图 9-45～图 9-47 所示。

UE4 官方推荐不同声音的音量值大小，可以作为参考，见表 9-1。

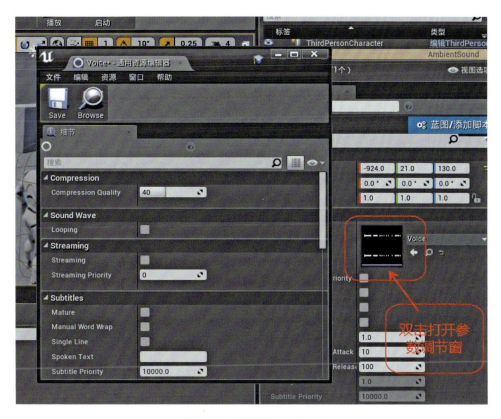

图 9-42 设置音频文件（1）

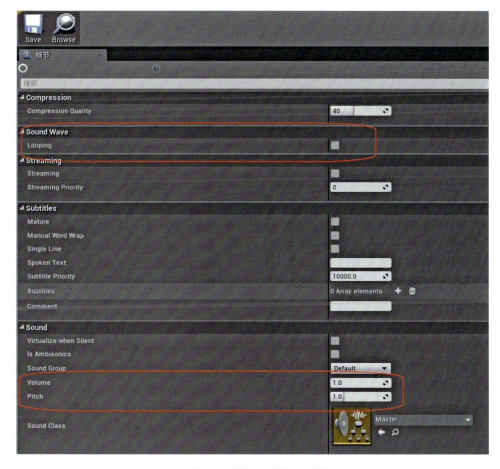

图 9-43 设置音频文件（2）

图9-44 取消自动播放

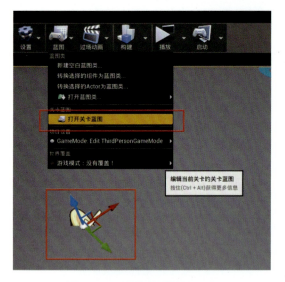

图9-45 视频播放制作(1)

图9-46 视频播放制作(2)

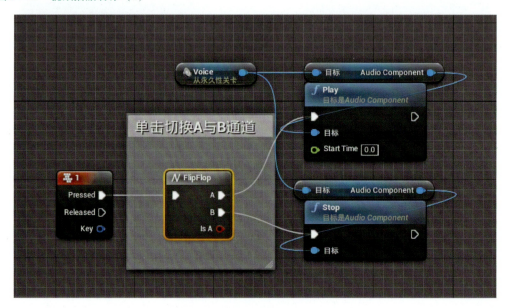

图9-47 视频播放制作(3)

表9-1 音量大小

类别	合适的音量
对话	1.4
音乐	0.75
武器	1.1
环境音	0.5

新建"File Media Source",在内容浏览器的"movies"文件夹上右击,选择"Show in 浏览器",把.mp4文件复制进去,然后打开"File Media Source",在路径中把刚刚导入的视频选中,如图9-48~图9-51所示。

新建"Media Player",勾选"Video output Media Texture asset",生成两个文件,选中黑色那个文件,右击"Create Material",将视频变成材质球,这样就可以附加

第9章 VR室内样板间交互功能

图 9-48 视频播放制作（4）

图 9-49 视频播放制作（5）

图 9-50 复制转好格式的 .WAV 视频文件（6）

到物体上。然后把材质球附加到作为屏幕的面片上，如图 9-52~图 9-55 所示。

打开关卡蓝图，在变量栏添加一个新的变量，单击 "NewVar_0" 前面的图标，在搜索栏中输入 "media player"，选中 "Media Player"，这个是专门用来存储多媒体播放的变量，如图 9-56 所示。

先编译，这样"默认值"栏才能选择需要播放的视频，如图 9-57 和图 9-58 所示。

然后调出 "Open Source" 和 "Pause" 两个蓝图节点，用来实现视频的播放和暂停，如图 9-59 和图 9-60 所示。

图 9-51 视频播放制作（7）

图 9-52 视频播放制作（8）

图 9-53 视频播放制作（9）

图9-54 视频播放制作(10)

图9-55 视频播放制作(11)

图9-56 视频播放制作(12)

图9-57 视频播放制作(13)

图9-58 视频播放制作(14)

图9-59 视频播放制作(15)

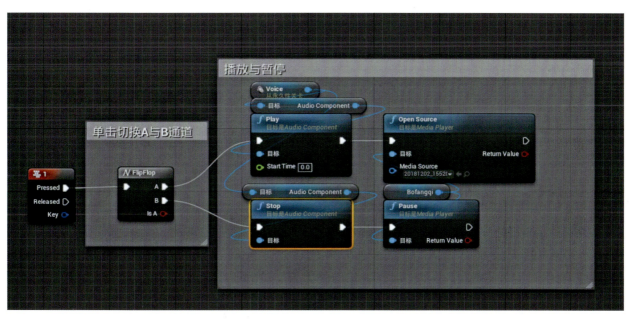

图 9-60　视频播放制作（16）

第 10 章
VR 室外场景交互功能

本章以 VR 室外场景交互功能作为 VR 项目实战开发教学开发案例,如图 10-1 所示。本章将介绍户外昼夜变换交互功能和定点位置瞬移交互功能。昼夜变换交互功能可以通过 HTC 手柄控制来实现。定点位置瞬移交互功能可以解决在大场景中移动到特定景点或者特殊位置的问题。

图 10-1 VR 室外场景

※ 10.1 昼夜变换交互功能

天空球中的太阳如图 10-2 所示。

图 10-2 天空球中太阳

世界大纲中的天空球、定向光源、天空光如图 10-3 所示。

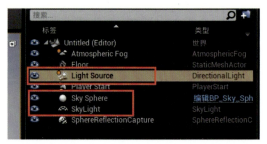

图10-3 世界大纲中的天空球、定向光源、天空光

在天空球中将太阳设置为"可移动",如图 10-4 所示。

图 10-4 在天空球中设置太阳为"可移动"

使用 TICK 事件控制太阳的速度,如图 10-5 所示。

图 10-5 昼夜变换交互功能(1)

使用"AddRelativeRotation"控制光源的角度,如图 10-6 所示。

实时更新天空球中的太阳角度,如图 10-7 所示。

完成的功能如图 10-8 所示。

设置使用 Post 盒子对光照进行控制,如图 10-9 和图 10-10 所示。

第10章 VR室外场景交互功能

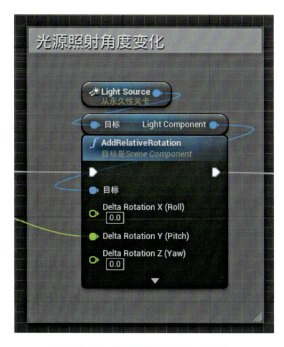

图 10-6　昼夜变换交互功能（2）

图 10-7　昼夜变换交互功能（3）

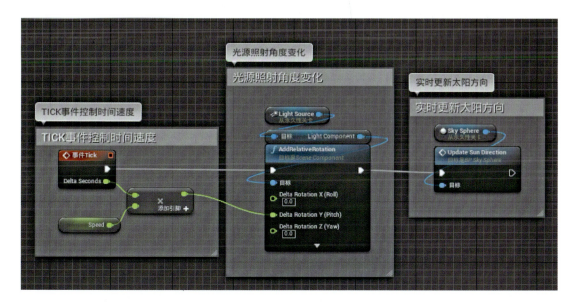

图 10-8　昼夜变换交互功能（4）

图 10-9　昼夜变换交互功能（5）

图 10-10　昼夜变换交互功能（6）

设置使用 Post 盒子控制光照对全局的影响，如图 10-11 所示。

图 10-11　昼夜变换交互功能（7）

※ 10.2　定点位置瞬移交互功能

在场景中拖入盒体触发器，用来触发瞬移功能，如图 10-12 所示。

在关卡蓝图中对触发瞬移点设置触发事件蓝图，如图 10-13 和图 10-14 所示。

先在编辑器主视口中选中第三人称角色小白人，再

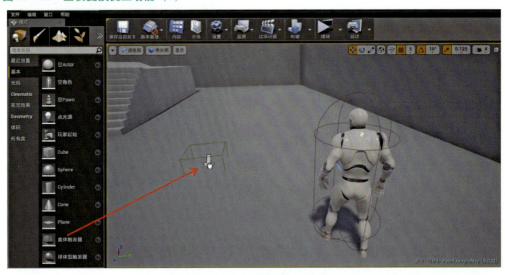

图 10-12　定点瞬移交互功能（1）

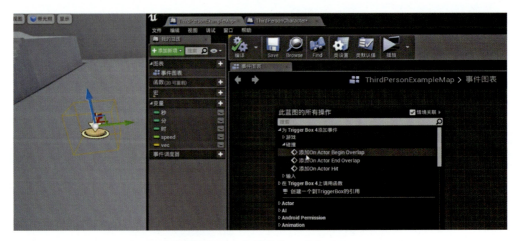

图 10-13　定点瞬移交互功能（2）

图 10-14　定点瞬移交互功能（3）

在关卡蓝图中调用 SetWorldLocation 蓝图节点，将蓝图节点连线，如图 10-15 和图 10-16 所示。

先拖入一个静态网格物体，可以用它的坐标值来获取想要移动到的位置，如图 10-17 和图 10-18 所示。

当走到触发瞬移的盒体触发器处时，小白人就被传送到设定好的位置，如图 10-19 和图 10-20 所示。

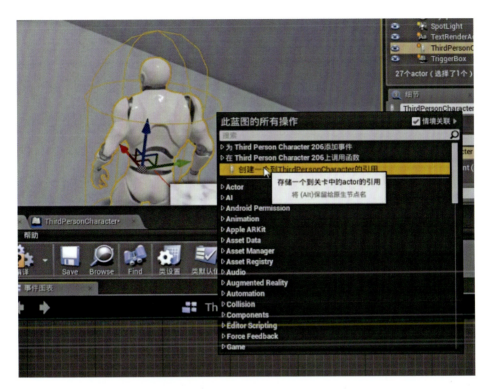

图 10-15　定点瞬移交互功能（4）

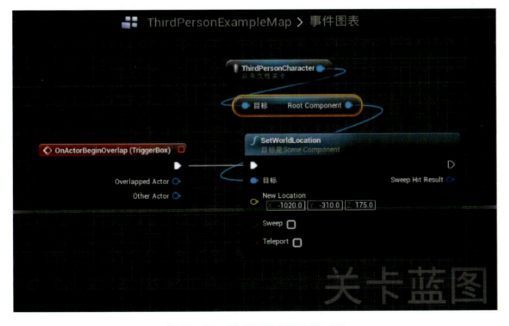

图 10-16　定点瞬移交互功能（5）

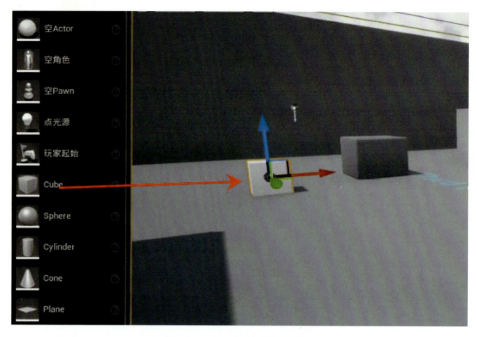

图 10-17　定点瞬移交互功能（6）

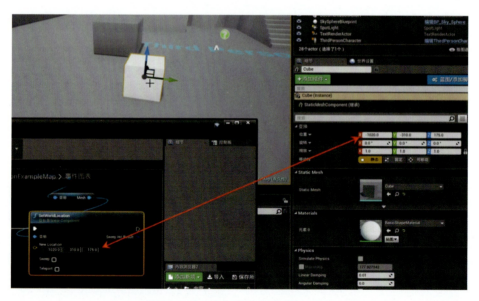

图 10-18　定点瞬移交互功能（7）

图 10-19　定点瞬移交互功能（8）

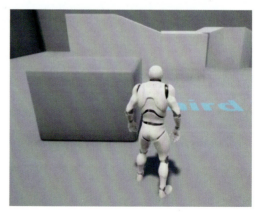

图 10-20　定点瞬移交互功能（9）

第 11 章
开发项目转换为 VR 模式

当开发好的功能都测试好后,将项目转换为 VR 模式,如图 11-1 所示。其中转换模式的过程中会涉及许多操作细节内容。完成 VR 模式的转换后,将项目打包输出,就可以在 HTC - VIVE 设备中体验项目。

图 11-1 开发项目转换为 VR 模式

图 11-2 选择"Show in 浏览器"

※ 11.1 SteamVR 手柄文件导入

在内容浏览器中选择内容并右击选择"Show in 浏览器",打开文件夹,并将 SteamVR 文件夹拖入,如图 11-2~图 11-4 所示。SteamVR 文件夹资源下载链接:https://pan.baidu.com/s/1WPDGEsWNjo8AYvuucyWzPg,提取码:o7i5。

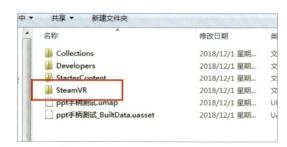

图 11-3 SteamVR 手柄导入 UE4

图 11-4 打开 SteamVR 手柄

打开 MyPawn 蓝图类,对里面的控制触发事件进行设置,如图 11-5 所示。

在 Config 的配置文件夹里加入 DefaultInput 的配置文件,如图 11-6~图 11-8 所示。

进行输入选项设置,如图 11-9 所示。在 MyPawn 中提示有缺失的按键控制。

打开 MyPawn 蓝图,编译之后警告提示消失,如图 11-10 所示。

图 11-5　显示缺少手柄输入控制设置，需要设置

图 11-6　导入"DefaultInput"文件替换（1）

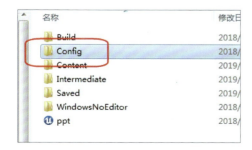

图 11-7　导入"DefaultInput"文件替换（2）

图 11-8　导入"DefaultInput"文件替换（3）

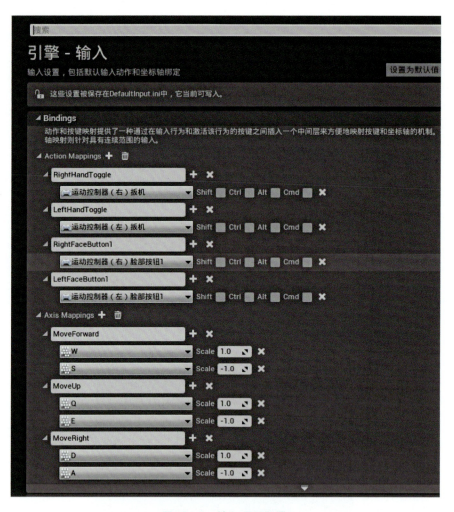

图 11-9 输入项目设置

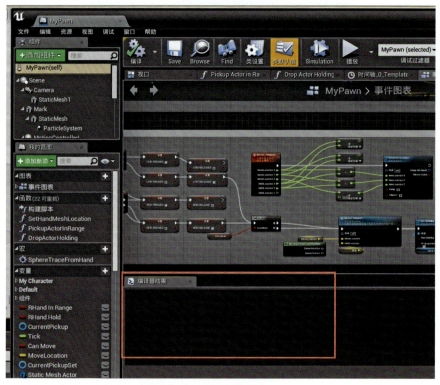

图 11-10 编译后警告消失

11.2 HTC–VIVE 手柄按键控制功能

调用运动控制器（HTC 手柄）相对应的按钮，对应的按钮就是蓝图中的触发事件，如图 11-11 所示。

使用手柄按钮控制 Cube 在项目中的移动，如图 11-12 和图 11-13 所示。

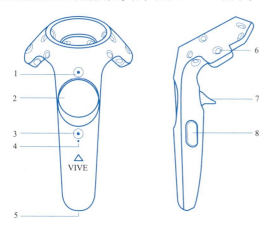

图 11-11　手柄控制设置（1）

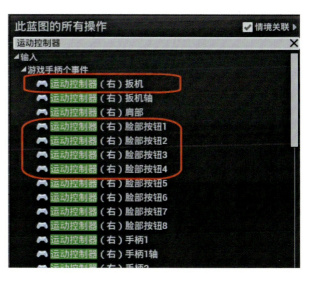

图 11-12　手柄控制设置（2）

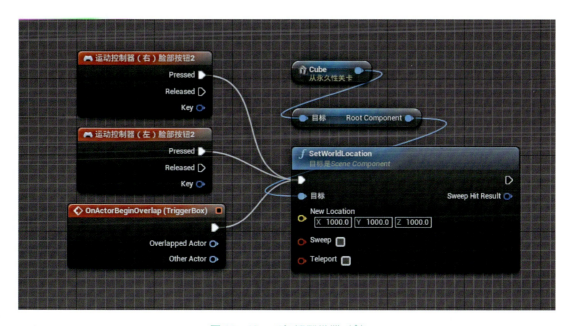

图 11-13　手柄控制设置（3）

第 12 章
项目打包输出

当开发的项目功能已经转换为VR模式,并测试完成交互功能后,就可以开始尝试对项目进行打包了。打包成功后,可以把打包项目放入HTC-VIVE设备中进行体验,如图12-1所示。

项目打包输出流程如图12-2~图12-8所示。将带有VR手柄的摄像机拖入场景中,并且将摄像机的一半放在地板下,如图12-4所示,VR模式可移动区域的设置如图12-5所示。

注意:在新建项目前,项目名称、保存路径不要用汉字,并且不要用单字母或者单数字命名,如"1""A"。

输出日志显示有黄字部分没关系,一般不影响打包结果。

图 12-1 项目打包输出体验

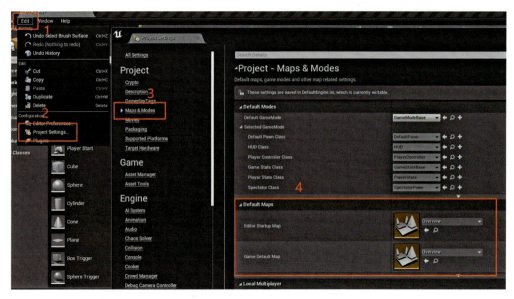

图 12-2 项目打包输出流程(1)

图 12-3 项目打包输出流程(2)

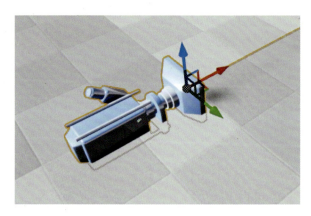

图 12-4 项目打包输出流程(3)

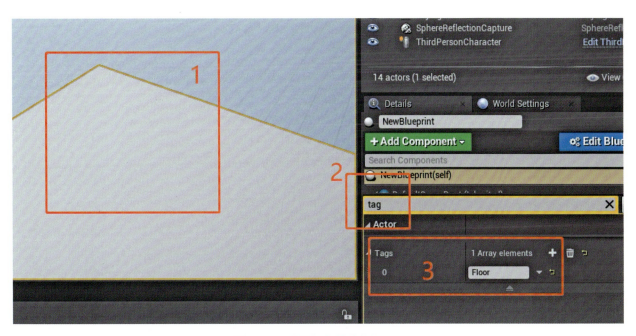

图 12-5　项目打包输出流程（4）

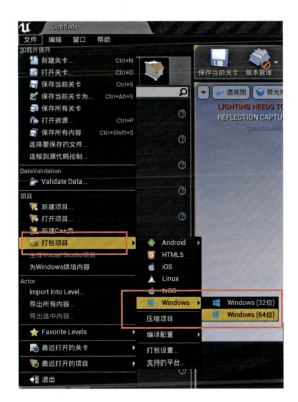

图 12-6　项目打包输出流程（5）

图 12-7 项目打包输出流程（6）

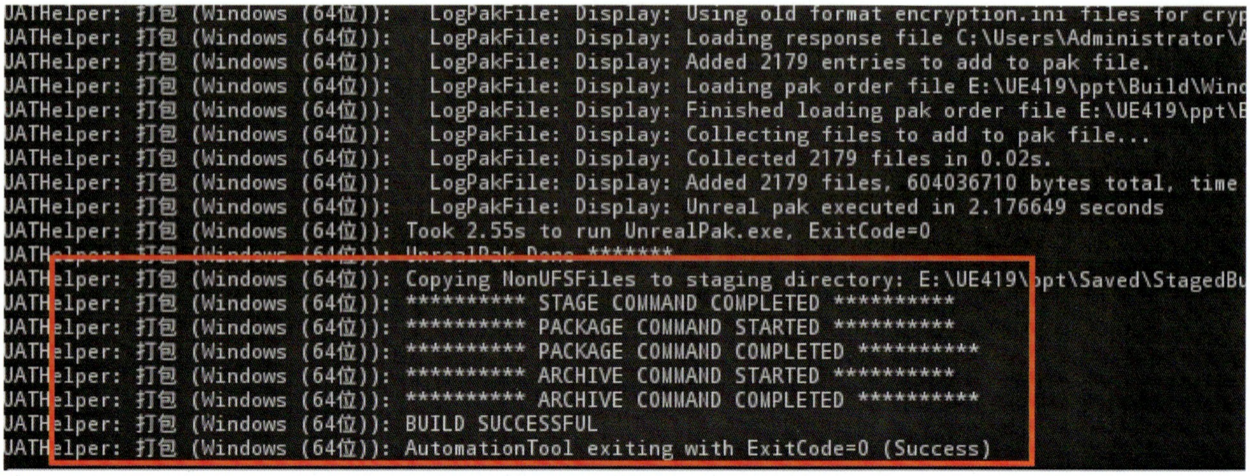

图 12-8 项目打包输出流程（7）

如果输出日志显示"BUILD SUCCESSFUL"，说明打包成功。

打包成功后，文件名为"WindowsNoEdior"，如图 12-9 所示。

在文件夹里面找到 UE4 图标并双击打开，如图 12-10 所示，就可以在 HTC-VIVE 中进行 VR 项目设计了。

图 12-9 打包成功的文件名

图 12-10 双击项目